# 第二版前言

本教材是对第一版实验教材《基础有机化学实验》(武汉大学出版社，2014 年)的修订。本教材可供医学、生命科学、环境科学等非化学类专业本科生使用，也可以供化学类专业本科生作为基础实验教材。

为适应新时期对创新人才培养与环境保护的要求，本教材在保留原教材内容及特色的基础上，融入最新实验教学研究成果，并接受授课教师的建议，对第一版教材做进一步修改和补充，主要包括：

(1)第一部分新增手册查阅及有机化学文献简介。

(2)第二部分修改和补充了熔点测定装置及视频熔点仪的介绍。

(3)第三部分主要对化学反应式和相关原理进行适当删减或修改。

(4)第四部分更新柱层析实验和咖啡因的提取实验，并新增 2 个实验。

(5)新增附录部分，包括基础实验中常见化学品的安全数据(MSDS)。

参与本教材编写的有熊英(主编)(第二部分 2.2、2.3、2.4、2.5、2.6、2.7、2.8、2.9；第四部分实验 3 ~ 实验 24)；邓媛(副主编)(第一部分 1.1 ~ 1.7；2.10、2.11、2.12)；王晓玲(副主编)(第三部分)；龚林波(第二部分 2.1，第四部分实验 1 ~ 实验 2)；齐悦(第一部分 1.8；附录)。全书由熊英统稿。

本书的再版得到了武汉大学化学与分子科学学院和武汉大学本科生院的大力支持，获得了“武汉大学本科教育质量建设综合改革项目”的资助。特别感谢龚淑玲老师、吕辉老师及实验中心赵发琼老师的建设性建议。

武汉大学出版社谢文涛编辑对本书的再版做了大量细致的编辑工作，在此表示衷心感谢。

由于编者水平有限，书中错误在所难免，敬请广大师生和读者批评指正。

编　者

2023 年 11 月

高等院校化学课实验系列教材

# 基础有机化学实验

（第二版）

武汉大学化学与分子科学学院实验中心　编著

WUHAN UNIVERSITY PRESS
武汉大学出版社

图书在版编目(CIP)数据

基础有机化学实验 / 武汉大学化学与分子科学学院实验中心编著 . 2 版 . -- 武汉 : 武汉大学出版社,2024.12. -- 高等院校化学课实验系列教材 . -- ISBN 978-7-307-24511-2

Ⅰ. O62-33

中国国家版本馆 CIP 数据核字第 2024AC3487 号

责任编辑:谢文涛　　责任校对:鄢春梅　　版式设计:韩闻锦

出版发行:**武汉大学出版社**　(430072　武昌　珞珈山)

(电子邮箱:cbs22@whu.edu.cn 网址:www.wdp.com.cn)

印刷:武汉中科兴业印务有限公司

开本:787×1092　1/16　印张:11.5　字数:232 千字　插页:1

版次:2014 年 7 月第 1 版　2024 年 12 月第 2 版

2024 年 12 月第 2 版第 1 次印刷

ISBN 978-7-307-24511-2　定价:45.00 元

# 前　　言

由于院校合并及校内资源重整，合校前在各院独立开设的有机化学实验课程，合校后均由武汉大学化学与分子科学学院实验中心承担。非化学类专业如医学、生命科学、环境科学、印刷与包装工程等，由于实验学时数较少(36、54 或 72 学时)，且学生基础及专业背景各不相同，因此很有必要编写一本适合非化学类专业学生使用的实验教材。为此编写了这本《基础有机化学实验》教材，供医学、生命科学、环境科学等非化学类专业使用，也可以供化学类(实验学时数较少)及相关专业选用。

本教材是根据多年来医学、生命科学、环境科学等非化学类专业有机化学实验课的教学内容，在武汉大学化学与分子科学学院实验中心 2004 年出版的《有机化学实验》教材的基础上，经过重新编排、整理和修改而来的。全书分为有机化学实验基本知识、有机化学实验基本操作和技术、有机化合物的性质及官能团鉴定，以及基础实验四个部分。本教材第二部分将各种基本操作原理、操作方法及操作注意事项等放在一起集中介绍，便于学生自学及老师讲解和参考。本教材基础实验部分按照由易到难，从简单制备实验、天然产物提取到有机化合物官能团的定性实验的方式安排，注重基础性和实用性，便于组织教学。

参与本教材编写的有熊英(主编)(第二部分 2.2、2.3、2.4、2.5、2.6、2.7、2.8、2.9；第四部分实验 3、4、5、6、7、8、9、10、11、12、13、14、15、16、17、18、19)；邓媛(副主编)(第一部分；第二部分 2.1、2.10、2.11、2.12)；王晓玲(副主编)(第三部分；第四部分实验 1、2、20、21、22)。全书由熊英统稿。

本书在编写过程中得到了实验中心吴安新老师、龚淑玲老师、黄驰老师、田恒丹老师以及熊鸣老师的大力支持，在此表示衷心感谢。

由于编者水平有限，书中错误在所难免，敬请广大师生和读者批评指正。

**编　者**

2014 年 5 月

# 前 言

# 目　录

# 第一部分　有机化学实验基本知识

## 1.1　有机化学实验及其分类

有机化学是一门实验科学。它的理论是在大量实验的基础上产生的，并接受实验的检验而得到发展和逐步完善。在高校中，有机化学实验课始终与有机化学理论课并存。很难想象一个不具备实验技能的人会在有机化学的科学研究和有机化工的生产中有重大成就。有机化学实验课的基本任务在于：①印证有机化学理论并加深对理论的理解；②训练有机化学实验的基本操作能力；③培养理论联系实际、严谨求实的实验作风和良好的实验习惯；④培养学生的初步科研能力，即根据原料及产物的性质正确选择反应路线和分离纯化路线，正确控制反应条件，准确记录实验数据及对实验结果进行综合整理分析的能力。

有机化学实验种类很多，有不同的分类方法，若从实验目的考虑，可分为以下四大类：

第一类为有机分析实验。它又可分为：

(1)常数测定实验，以确定化合物的某项物理常数为目的，一般不发生化学反应；

(2)化合物性质实验，以确定化合物是否具有某种性质或某种官能团为目的；

(3)元素定性分析实验，以确定化合物中是否含有某种元素为目的；

(4)元素定量分析实验，以确定化合物中某种元素的含量为目的；

(5)波谱实验，通过测定化合物的某种特征吸收或化合物分子受到高能量电子束的轰击时裂解出的碎片来确定化合物的结构特征。

第二类为有机合成实验，以通过化学反应获取反应产物为目的。

第三类为分离纯化实验，以从混合物中获得某种预期成分为目的，一般不发生化学变化。被分离的混合物可以来自矿物(如石油)、动物、植物或微生物发酵液，但大多数情况下则是化学反应后得到的反应混合物。

第四类是理论探讨性实验，如对反应动力学、反应机理、催化机理、反应过渡态的研究等。此类实验在基础课教学实验中涉及较少。

以上第二、三两类实验有时合称为制备实验或合成实验。制备实验在有机化学实验中占多数。但一次具体的实验又往往涉及两类或三类实验，例如，通过有机合成实验得到的是产物、副产物、未反应的原料、溶剂、催化剂等的混合物，需进行分离纯化才能得到较纯净的产物，最后还需通过适当的有机分析实验来鉴定产物。

有机化学实验中所用到的操作技能是多种多样的，其中那些反复使用的、具有固定规程和要点的操作单元称为基本操作。复杂的实验是基本操作的不同组合。因此，基本操作能力训练是有机化学实验课程的核心任务。为训练基本操作能力而专门设计的实验称为基本操作实验，其中多数是分离纯化实验。

有机实验的成功与否包括两个方面，一是实验结果(如预期的现象是否出现，预期的产品是否得到以及产品的质量和收率等)；二是实验过程中操作条件控制的准确性和记录的完整性。一般说来后者更为重要，因为实验结果不理想可以通过改变实验条件而逐步达到成功，而条件控制不准确则是一笔糊涂账，无法再现实验结果。

## 1.2　有机化学药品常识及材料安全性数据表(MSDS)

认识所接触的化学品的危险特性、安全使用化学品是保障实验室安全的重要因素。实验中用到的有机化学药品称为有机化学试剂，它与一般的无机试剂在性质上有较大的差别，主要表现为：

### 1.2.1　易燃性

绝大多数有机化学药品是可燃的，一部分是易燃的，其中有少数还会由于燃烧过快而发生燃爆。对于起火燃烧危险性大小的标度方法，常见的有以下几种：

(1)闪点(Flash Point)。指液体或挥发性固体的蒸气在空气中出现瞬间火苗或闪光的最低温度。若温度高于闪点，药品随时都可能被点燃。药品闪点在-4℃以下者为一级易燃品；在-4~21℃之间者为二级易燃品；在21~93℃之间者为三级易燃品。测定闪点有开杯和闭杯两种方式，文献中大多注明。查阅相关文献即可推测某种具体的有机试剂起火燃烧的危险性大小。实验室中常用的有机溶剂大多为一级易燃液体。

(2)火焰点。在开杯试验中若出现的火苗能持续燃烧，则可持续燃烧5s以上的最低温度称为火焰点，也叫作着火点。当药品的闪点在100℃以下时，火焰点与闪点相差甚微；当闪点在100℃以上时，火焰点一般高出闪点5~20℃。

(3)自燃点。分为受热自燃和自热自燃两种情况。前者指样品受热引起燃烧的最低温度；后者指样品在空气中由于氧化作用产生的热量积累，自动升温，最终导致起火燃烧的最低温度。自燃点越低，起火燃烧的危险性越大。

### 1.2.2 爆炸性

(1)燃爆。燃爆指易燃气体或蒸气在空气中由于燃烧太快，产生的热量来不及散发而导致的爆炸。易燃气体或易燃液体的蒸气与空气混合，在一定的浓度范围内遇到明火即发生爆炸，而低于或高于这个浓度范围则不会爆炸。这个浓度范围称为爆炸极限或燃爆极限。爆炸极限通常以体积百分浓度来表示，其浓度范围越宽广，则发生爆炸的危险性就越大。

(2)自爆。亚硝基化合物、多硝基化合物、叠氮化合物在较高温度或遇到撞击时会自行爆炸；金属钾、钠在遇水时会猛烈反应而发生爆炸；重氮盐在干燥时自行爆炸；过氧化物在浓缩到一定程度或遇到较强还原剂时会剧烈反应而发生爆炸。此外，氯酸、高氯酸、氮的卤化物、雷酸盐、多炔烃等类化合物在一定的条件下也易发生爆炸。

### 1.2.3 化学毒性

实验室中所用的有机化学药品除葡萄糖等极少数之外都是有毒的。药品的化学毒性有急性毒性、亚急性毒性、慢性毒性和特殊毒性之分，此处只介绍急性毒性和慢性毒性的常识。

(1)急性毒性。急性毒性指以饲喂、注射、涂皮等方式对试验动物施药一次所造成的伤害情况。最常见的标度方法是 $LD_{50}$(Lethal Dose，半(数)致死量)，单位是 mg/kg。其物理意义是施药一次造成半数(50%)试验动物死亡时，平均每公斤体重的试验动物所用的药品的毫克数，一般都同时注明动物种类和施毒方式。例如，三乙胺的 $LD_{50}$ 为 460 mg/kg (Orally in mice)。不同种动物，不同的施药方式，则有一些近似的折算方法，可参看相关专著。根据半致死量的大小将急性毒性分为五个等级(表 1-1)。

表 1-1 急性毒性的五个等级

| 毒性级别名称 | 大鼠一次经口 $LD_{50}$ (mg/kg) | 6 只大鼠吸入 4h 死亡 2~4 只时浓度 (ppm) | 兔涂皮时 $LD_{50}$ (mg/kg) | 对人的可能致死量 | |
|---|---|---|---|---|---|
| | | | | (g/kg) | 总量，g，60 kg 体重 |
| 剧毒 | <1 | <10 | <5 | 0.05 | 0.1 |
| 高毒 | 1~ | 10~ | 5~ | 0.05~ | 3 |
| 中等毒 | 50~ | 100~ | 44~ | 0.5~ | 30 |
| 低毒 | 500~ | 1000~ | 350~ | 5~ | 250 |
| 微毒 | 5000~ | 10000~ | 2180~ | >15 | <1000 |

(2)慢性毒性。慢性毒性指长期反复接触化学药品对人体所造成的伤害情况，用 TLV 来标度。这是 Threshold Limit Value 的缩写，一般译为极限安全值或阈限值，通俗说就是车间空气允许浓度，即在工作环境的空气中含此类毒物的蒸气或粉尘所能允许的最大浓度。在此浓度以下，操作者长期反复接触(以每天 8 h，每周 5 d 计)而不造成危害。其单位是 $mg/m^3$，即每立方米空气中含此毒物的毫克数。其数值越小，则慢性毒性越大。

(3)酸碱性和腐蚀性。有机强酸如磺酸、冰醋酸等具有相当强的酸性和腐蚀性；有机强碱如胺类等具有很强的碱性，并往往带有强烈的刺激性恶臭；许多有机化合物可以透过皮肤被吸收。

### 1.2.4　材料安全性数据表(MSDS)

化学品的危险特性可以从专业的试剂手册中查取，也可以让试剂供货商提供材料安全性数据表(或从网上资源获得)。材料安全性数据表(Material Safety Data Sheet，MSDS)是一个较全面描述某种化学品危害信息的重要文件。它不仅包含这种物质的一些物理和化学特性，如熔点、沸点、闪点、毒性、反应活性、燃爆性能，还包含对健康的影响、急救、储存、处置、防护设备、泄漏处理等内容。为安全起见，在实验前查阅所要接触的各种化学品的 MSDS 信息是十分必要的。对于不同厂商生产的和不同供货商提供的同类化学品，MSDS 一般是不同的，因此使用同一种商品名的不同商品的危害程度也有可能不同。

查阅 MSDS 的网址如下：①MSDS 查询网(http：//www. somsds. com)；②试剂仪器网-MSDS 数据查询(http：//www. cnreagent. com/msds)；③物竞数据库-MSDS(http：//www. basechem. org)。

本教材中部分常见化学品的 MSDS 见附录。

## 1.3　有机化学实验室中的常识性技能

### 1.3.1　塞子的选择、打孔和装配

软木塞、橡皮塞具有两种功能：一是将容器密封起来，二是将分散的仪器连接起来装配成具有特定功能的实验装置，而玻璃塞、塑料塞则一般只具有前一种功能。软木塞密封性较差，表面粗糙，会吸收较多的溶剂，其优点是不会被溶胀变形，在使用前需用压塞机压紧密，以防在钻孔时破裂。橡皮塞表面光滑，内部疏密均匀，密封性好，其缺点是易被有机溶剂的蒸气溶胀变形。在实验室中橡皮塞的使用远比软木塞广泛，特别在密封程度要

求高的场合下必须使用橡皮塞。玻璃塞、塑料塞应使用仪器原配的或口径编号相同的。软木塞和橡皮塞的选择原则是将塞子塞进仪器颈口时，要有1/3~2/3露出口外。

标准磨口玻璃仪器的普及使用为仪器的装配带来极大的方便，但仍有少数场合需要通过软木塞或橡皮塞来连接装配，这就需要在塞子上钻孔。为了使玻璃管或温度计既可顺利插入塞孔，又不致松脱漏气，需要选择适当直径的打孔器。对于橡皮塞，应使打孔器的直径等于待插入的玻璃管或温度计的直径；对于软木塞，则应使打孔器稍细于待插入的玻璃管或温度计。钻孔时在塞子下垫一木块，在打孔器的口上涂少许甘油或肥皂水，左手握塞，右手持打孔器从塞子的小端垂直均匀地旋转钻入。钻穿后将打孔器旋转拔出，用小一号的打孔器捅出所用打孔器内的塞芯。必要时可用小圆锉将钻孔修理光滑端正。

把温度计插入塞孔中时需在塞孔口处涂上少量甘油，左手持塞，右手握温度计，缓慢均匀地旋转插入。右手的握点应尽量靠近塞子，不可在远离塞子处强力推进，否则会折断温度计并割伤手指。如果塞孔过细而难以插入，可以将温度计缓缓旋转拔出，用小圆锉将塞孔修大一点再重新插入。如塞孔过大而松脱，应另取一个无孔塞，改用小一号的打孔器重新打孔，而不可用纸衬、蜡封等方法凑合使用。玻璃管、玻璃棒插入塞子的方法与温度计相同，且在插入之前需将管口或棒端烧圆滑，在插入时不可将玻璃管(棒)的弯角处当作旋柄用力。

如需从塞子中拔出玻璃管(棒)，可在玻璃管(棒)与橡皮的接合缝处滴入甘油，按照插入时的握持方法缓缓旋转退出。如已黏结，可用小起子或不锈钢铲沿玻璃壁插入缝中轻轻松动，然后按上述方法退出。若实在退不出来，不要强求，可用刀子沿塞的纵轴方向切开，将塞子剥下。若退下的塞子仍然完好，可洗净收存供下次使用。

### 1.3.2 加热

在有机化学反应中加热反应物，温度每上升10℃，一般可提高反应速度一倍。在分离纯化实验中为实现保温、溶解、升华、蒸馏、蒸发、浓缩等目的也要加热。实验室中的热源有酒精灯、煤气灯、电炉、电热套、电热磁力搅拌器和红外灯等，加热的方式应根据具体情况确定。

由于许多有机化合物特别是一些低沸点溶剂易燃、易爆，明火易导致实验室起火甚至爆炸，因此在做有机实验时，应尽量避免使用酒精灯、煤气灯。在必须使用明火时，也应使易燃、易爆物远离热源。可调式封闭电炉、电热套和电热磁力搅拌器由于使用安全、方便，目前被广泛用于有机实验室中。

**1. 明火加热**

酒精灯或煤气灯等明火，一般只有在被加热物质沸点较高且不易燃烧(如水或水溶液等)或做玻璃加工时适用。

加热试管中的水和少量固体的混合物时，可直接用酒精灯或煤气灯加热(图 1-1)。加热时，应使试管夹夹在试管中部偏上的位置，并使试管略倾斜(管口不要对着人)，小火缓慢加热。先加热液体的中上部，再慢慢往下移动，同时不停地上下移动，不要集中加热某一部分，否则将使液体局部受热骤然产生蒸气，液体被冲出管外。

用煤气灯加热烧杯、锥形瓶、烧瓶等玻璃器皿中的水或水溶液时，可在火焰与受热器皿之间垫一层石棉网，以扩大受热面积且使加热较为均匀，否则容易因受热不均而破裂。烧杯、锥形瓶等平底容器可直接放在石棉网上加热(图 1-2)，圆底瓶、梨形瓶等容器的瓶底应与石棉网之间有 1~2mm 间隔。非封闭式电炉也可代替煤气灯加热。

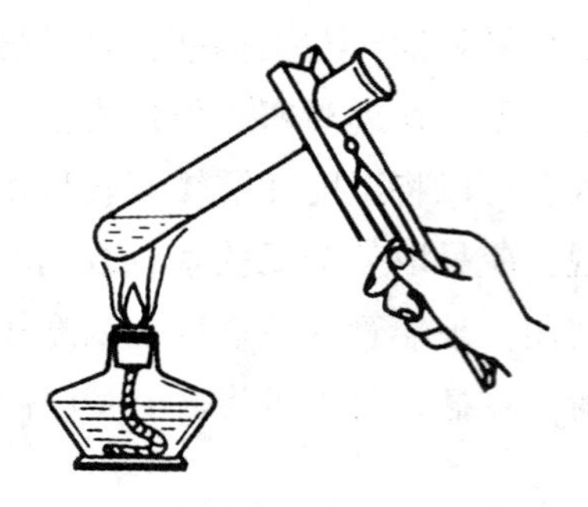

图 1-1 加热试管中的少量溶液

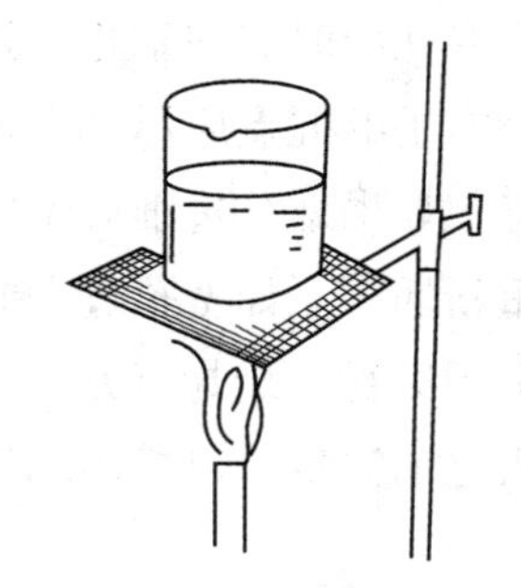

图 1-2 加热烧杯中的溶液

**2. 水浴加热**

当被加热物质要求受热均匀而温度不超过 100℃时，可采用水浴加热。水浴锅可为铜质或铝质，通过加热的热水或产生的水蒸气加热盛在容器中的物质。实验室常用恒温水浴箱进行加热(图 1-3)。恒温水浴箱用电加热，可自动控制温度、同时加热多个样品。水浴箱内盛水不要超过 2/3，被加热的容器不要碰到水浴箱底。凡涉及金属钠、钾的反应都不宜用水浴加热。

图 1-3 六孔电热恒温水浴箱

当加热少量低沸点液体时，也可用烧杯代替水浴锅，可用封闭式电炉或电热磁力搅拌器加热烧杯中的水(图 1-4)。将装有待加热物料的烧瓶浸于水中，使水面略高于瓶内液面，瓶底不触及烧杯底部，然后调节电压将温度控制在所需的温度范围之内。

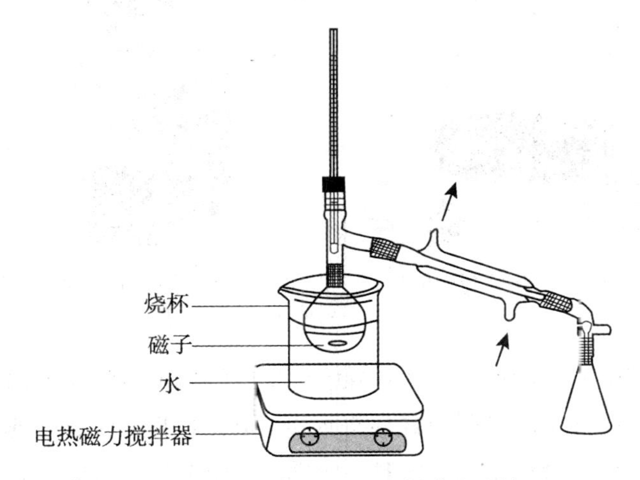


图 1-4　水浴加热蒸馏少量低沸点液体

**3. 油浴加热**

当被加热物质要求受热均匀，温度又高于 100℃时，可用油浴加热。油浴加热与水浴加热方法相似。油浴所能达到的温度因所用油的种类不同而不同。甘油和邻苯二甲酸二丁酯适用于加热至 160℃左右，过高则易分解。石蜡和液体石蜡都可加热至 220℃，再升温虽不分解，但易冒烟燃烧；硅油加热至 250℃仍然稳定，是目前实验室中应用较多的油浴介质。

油浴的使用方法与水浴类似，但久用会变黑，高温会冒烟，混入水珠会造成爆溅。油的膨胀系数较大，若浴锅内装得较多，受热时会溢出锅外，造成污染或引起燃烧。所以在人数众多的学生实验室中使用油浴不适宜。

**4. 封闭电炉加热**

封闭电炉(图 1-5)采用封闭式加热盘来产生高温，发热体被全封闭在绝缘耐高温材料中，具有加热无明火，加热效率高和便于清洗的特点。同时具备无极式调温功能，适用于不同温度的加热，使用温度一般不超过 500℃。

烧杯、锥形瓶等平底容器可直接放在封闭电炉上加热，使用方便。

**5. 电热套加热**

电热套(图 1-6)也是实验室常用的加热仪器，由无碱玻璃纤维和金属加热丝编制的半球形加热内套和控制电路组成，不见明火，使用安全。由于采用球形加热，可使容器受热面积达到 60%以上，适用于梨形瓶和圆底烧瓶的加热。同时具备无极式调温功能，使用温度一般不超过400℃。

图1-5　可调式封闭电炉

图1-6　电热套

第一次使用电热套时，套内有白烟和异味冒出，颜色由白色变为褐色再变成白色属于正常现象，因玻璃纤维在生产过程中含有油质及其他化合物，应放在通风处，数分钟后消失即可正常使用。不慎将液体溢入套内时，应迅速关闭电源，将电热套放在通风处，待干燥后方可使用，以免漏电或电器短路发生危险。

**6. 电热磁力搅拌器加热**

有机化学反应常常需要在加热的同时进行搅拌，以使反应物混合均匀，加快反应速度，或在蒸馏过程中防止暴沸。电热磁力搅拌器除具有封闭电炉或电热套的优点以外，同时增加了磁力搅拌功能。对于黏度不是很大的液体(或液-固混合物)可在加热的同时自动搅拌。将搅拌子(图1-11 A)和反应物放入容器中，调节搅拌速度和加热温度，可使溶液在设定温度充分混合、反应。搅拌速度和加热温度均可连续调节，使用起来既方便又安全。图1-7所示电热磁力搅拌器适用于对平底容器的加热和搅拌，而图1-8所示的电热套磁力搅拌器适用于对梨形瓶和圆底烧瓶的加热和搅拌。

图1-7　电热磁力搅拌器

图1-8　电热套磁力搅拌器

**7. 红外灯加热**

在实验过程中，如果需要快速干燥空气中性质稳定的固体物质，也可以使用红外灯来加热(图 1-9)。可以将需加热干燥的固体物质转移至玻璃表面皿中并尽量摊开，再置于红外灯下干燥。加热强度可通过变压器来调节，使用起来也比较方便。要注意的是加热强度不可过高，以防止固体物质熔化、升华甚至高温分解碳化。对于不急于使用或不易加热干燥的固体物质也可以室温放置较长时间来达到干燥的目的。

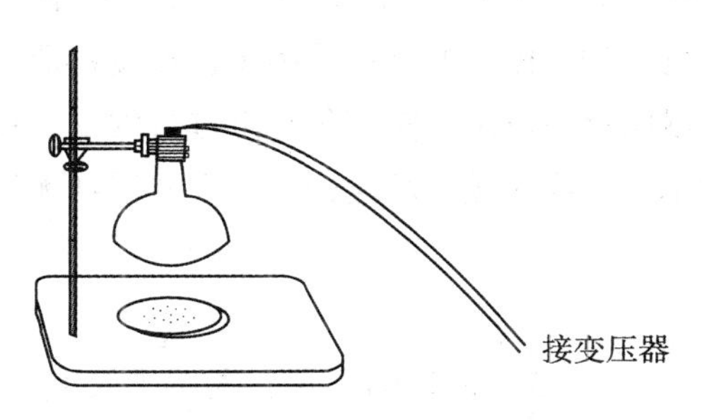


图 1-9　红外灯加热干燥少量固体物质

### 1.3.3　冷却

当反应放出大量热，需要降温来控制速度以减少副产物或避免事故时；当反应中间体不稳定，需在低温下反应时；当需要降低固体物质在溶剂中的溶解度以使其结晶析出时；当需要把化合物的蒸气冷凝收集时；当需要将空气中的水汽凝聚下来以免其进入油泵或反应系统时都要进行冷却。当被冷却物为气体时，可使它从穿越致冷剂的管道内部流过；当被冷却物为液体、固体或反应混合物时，可将装有该物质的瓶子浸于制冷剂中，通过管壁、瓶壁的传热作用而实现冷却。只有在特殊情况下才允许将制冷剂直接加于被冷却物中。常用制冷剂列于表 1-2，使用时可根据具体的冷却要求选用。当温度低于-38℃时，需使用装有有机液体的低温温度计来测量温度。

表 1-2　**常用制冷剂**

| 制冷剂 | 可达最低温度 | 制冷剂 | 可达最低温度 |
|---|---|---|---|
| 自来水 | 室温 | 干冰 + 乙醇 | -72℃ |
| 冰水混合物 | 0~5℃ | 干冰 + 乙醚 | -77℃ |
| 1 份食盐+3 份碎冰 | -21℃ | 干冰+丙酮 | -78℃ |
| 143 g$CaCl_2 \cdot 6H_2O$ + 100 g 碎冰 | -55℃ | 液态空气 | -185~-190℃ |
| 液氨 | -33℃ | 液氮 | -210℃ |

### 1.3.4　搅拌

在非均相反应中，搅拌可增大相间接触面，缩短反应时间；在边反应边加料的实验中，搅拌可防止局部过浓、过热，减少副反应。所以搅拌在合成反应中有广泛的应用。搅拌的方法有三种：人工搅拌、磁力搅拌、机械搅拌。人工搅拌一般借助玻璃棒就可以进行，磁力搅拌是利用磁力搅拌器，机械搅拌则是利用机械搅拌器。磁力搅拌器由于安装容易、可连续搅拌，对反应量比较小或需在密闭条件下进行的反应更为方便。但缺点是对于一些黏稠液或是有大量固体参加或生成的反应，磁力搅拌器则无法顺利使用，这时就应选用机械搅拌。

**1. 人工搅拌**

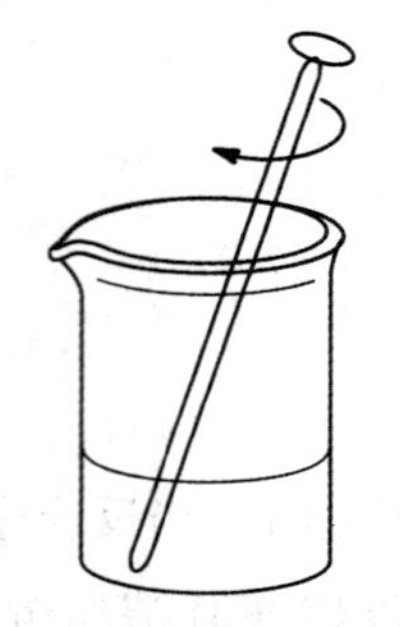

图 1-10　人工(玻璃棒)搅拌

若反应时间不长，无毒气放出，且对搅拌速度要求不高，可在敞口容器(如烧杯)中用玻璃棒搅拌(图 1-10)。若在搅拌反应的同时还需观察温度，一般情况下只可用玻璃棒而不许用温度计搅拌，并且搅拌不宜过猛，玻璃棒尽量不要触及容器内壁及温度计水银球，以免打破容器或温度计。

**2. 磁力搅拌**

磁力搅拌的装置如图 1-11B 和图 1-11C 所示，它是利用磁场的转动来带动搅拌子(又叫磁芯或磁子，图 1-11A)，搅拌子的转动相当于玻璃棒的搅拌作用，可以使反应物料混合均匀。磁力搅拌可用于反应物料黏度不大，但需要持续搅拌的物料。搅拌子一般是包裹着聚四氟乙烯外壳的金属材料，可直接放在反应瓶中，易于密封，使用方便。搅拌子的形状一般有橄榄形(图 1-11A 中的 a)和圆柱形(图 1-11A 中的 b)两种。圆柱形(或棒状)搅拌子适用于在平底容器如烧杯、锥形瓶等中使用(图 1-11B)。而橄榄形搅拌子则较适用于在圆底瓶或梨形瓶中使用(图 1-11C)。

一般磁力搅拌器还兼有加热装置，可以调速调温，也可以按照设定的温度维持恒温。在物料较少，不需太高温度的情况下，磁力搅拌可代替其他方式的搅拌。但若物料过于黏稠，或其中有大量较重的固体颗粒，或调速过急，都会使磁子跳动而撞破瓶壁。如果发现磁子跳动，应立即将调速旋钮旋到零，待磁子静止后再重新缓缓开启，必要时还需改善被搅拌物料的状况，如加适当的溶剂以改变其黏度等。

**3. 机械搅拌(电动搅拌)**

当被搅拌物料过于黏稠或是有大量固体参加或生成的反应，宜采用机械搅拌(或叫电动搅拌)。机械搅拌由电动机、搅拌棒、搅拌密封装置三部分组成。电动机竖直安装在铁架上，转速由调速器控制。转轴下端有扣接搅拌棒的螺旋套头。一般的有机合成反应可选

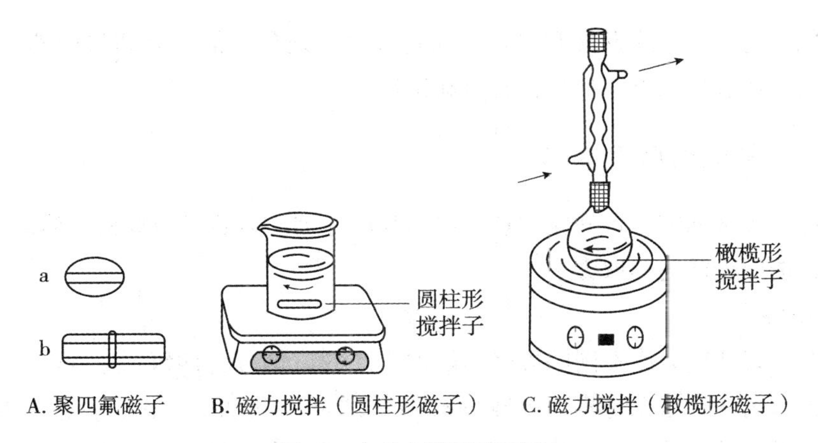


图 1-11 磁力搅拌装置图

用带伸缩搅拌翅的聚四氟乙烯搅拌棒(图 1-12A)。该搅拌棒具有外形美观、耐强腐蚀、伸缩自如、高速搅拌平稳等优点。搅拌密封装置是连接搅拌棒与反应器的装置，可选择聚四氟乙烯轴封，使反应在密封体系中进行。

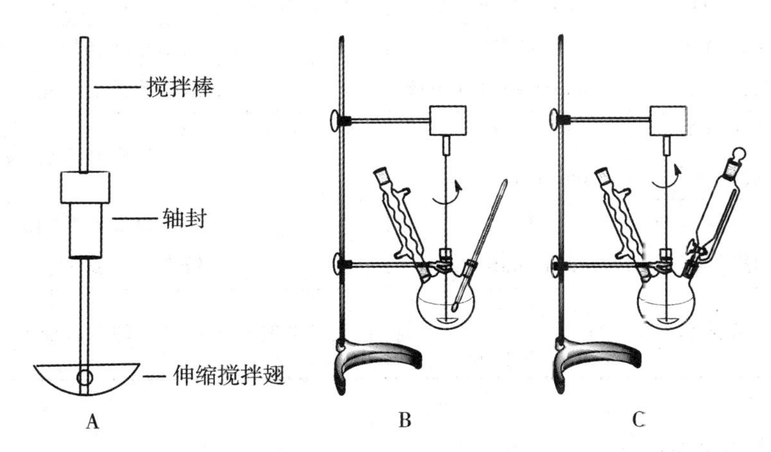


A. 聚四氟搅拌棒(带伸缩搅拌翅和轴封)；B，C. 机械搅拌。

图 1-12 机械搅拌装置图

机械搅拌的装置如图 1-12B 和图 1-12C 所示，装置 B 适用于搅拌的同时实现回流及测温功能。装置 C 适用于搅拌的同时实现回流及缓慢滴加反应试剂的功能。如反应产生有毒气体或是反应需隔绝空气，还可在回流冷凝管的上口加装气体吸收及其他保护装置。

在搅拌装置安装好后，先用手指搓动搅拌棒试转，确保搅拌棒及其叶片在转动时不会触及瓶壁和温度计(如果插有温度计)，摩擦力亦不大，然后才可旋动调速旋钮，缓缓地由低档向高档旋转，直至所需转速。不可过快地一下子旋到高挡。任何时候只要听到搅拌棒擦刮、撞击瓶壁的声音，或发现有停转、疯转等异常现象，都应立即将调速旋钮旋至零，然后查找原因并作适当调整或处理，再重新试转。

### 1.3.5 有机试剂取用常识

在称取药品或试剂前，首先应注意对照和验证标签上的品名与规格，然后根据药品或试剂的性状，选用合适的称取方法。

**1. 试剂规格**

化学试剂按其纯度分成不同的规格，国内生产的试剂分为四级(表 1-3)。试剂的规格越高，纯度也越高，价格就越贵。凡较低规格试剂可以满足要求者，一般不用高规格试剂。目前在有机化学实验中大量使用的是二级品和三级品，有时还可以用工业品代替。在取用试剂时要核对标签以确认所用试剂品名与规格无误。标签松动、脱落的要贴好，分装试剂要随手贴上标签。对于无标签或标签因腐蚀而无法辨认的试剂，要谨慎处理及使用。

表 1-3 **国产试剂的规格**

| 试剂级别 | 中文名称 | 代号及英文名称 | 标签颜色 | 主 要 用 途 |
|---|---|---|---|---|
| 一级品 | 保证试剂<br>“优级纯” | G. R.<br>(Guarantee Reagent) | 绿 | 用作基准物质，用于分析鉴定及精密的科学研究 |
| 二级品 | 分析试剂<br>“分析纯” | A. R.<br>(Analytical Reagent) | 红 | 用于分析鉴定及一般性科学研究 |
| 三级品 | 化学纯粹试剂<br>“化学纯” | C. P.<br>(Chemically Pure) | 蓝 | 用于要求较低的分析实验和要求较高的合成实验 |
| 四级品 | 实验试剂 | L. R.<br>(Laboratory Reagent) | 棕、黄或其他 | 用于一般性合成实验和科学研究 |

**2. 固体试剂的称取**

固体试剂用天平称取。目前高校实验室中大多采用数字显示的电子天平，有多种规格。最常用的有两种：一种的感量为 0.01 g，最大称量量为 200~600 g，大体上与传统的托盘扭力天平相当；另一种的感量为 0.0001 g，最大称量量为 100 g 或 220 g，大体上与传统的分析天平相当。可根据需要称量的量及要求的准确程度选用。天平的感量越小越精密，价格越高，对操作的要求也越严格。各种天平的使用方法不尽相同，应按照使用说明书调试和使用。

固体试剂在开瓶后用牛角匙移取，有时也可用不锈钢刮匙挑取，任何时候都不许用手直接抓取。取用后应随手将原瓶盖好，不许将试剂瓶敞口放置。一般固体试剂可放在表面皿或烧杯中称量；特别稳定且不吸潮的也可放在称量纸上称量；吸潮性或挥发性固体需放在干燥的锥形瓶(或圆底瓶)中塞住瓶口称量；金属钾、钠应放在盛有惰性溶剂的容器中称量，最后以差减法求取净重。不可使试剂直接接触天平的任何部位。称取固体试剂应该注意：不可使天平“超载”。如果需要称量的量多于天平的最大称量量，则应分批称取。

**3. 液体试剂的量取**

液体试剂一般用量筒量取或采用称重的方法称取，用量少时可用移液管量取，用量少且计量要求不严格时也可用滴管吸取。具有刺激性气味或易挥发的液体，需在通风橱中量取。腐蚀性液体还应戴上乳胶手套量取。取用时要小心勿使其洒出，观察刻度时应使眼睛与液面的弯月面底部平齐。试剂取用后应随手将原瓶盖好。黏度较大的液体可采用称重的办法直接称入反应瓶中，以免因量器的黏附而造成误差过大。吸潮性液体要尽快量取，溶有过量气体的液体(如氨水)在取用时应先将瓶子冷却降压，然后开瓶取用。

## 1.4 常用仪器及洗涤、干燥和使用

### 1.4.1 有机化学实验室中常用仪器

有机化学实验室中使用最多的是玻璃仪器(图 1-13)。玻璃仪器一般可分为普通玻璃仪器、标准磨口仪器和非标准磨口仪器三类，但也有少数兼有标准磨口和非标准磨口。

标准磨口玻璃仪器是根据国际通用的技术标准制造的，是目前实验室常用的玻璃仪器。常用的标准磨口有 10、14、19、24、29、34、40、50 号等多种，一般学生实验中所用的多为 14 号或 19 号，数字是指磨口最大端直径的毫米数。标准磨口仪器同号的磨口(阴磨口)和磨塞(阳磨口)可以严密对接，且密封效果好，在安装时省去了选塞打孔的麻烦，因而组装方便，节省时间。因磨口编号不同而无法直接连接时，可通过不同编号的磨口接头(亦称大小头)，使之连接起来。使用磨口仪器时应注意：①保持磨口表面的清洁；②必要时在磨口处涂润滑剂(如高真空硅脂)；③用后立即拆卸、洗净，各个部件分开存放。

非标准磨口仪器一般是厚壁的或带有活塞的仪器，通常不可加热。其磨口的长度和口径无统一的标准，只有在仪器出厂时已经配好的阳磨和阴磨才能严密接合，不能用一件阳磨代替另一件阳磨。例如，如果分液漏斗或滴液漏斗的活塞打碎了，则整件仪器报废，一般不能找到另一个可以完全密合的塞子。活塞在使用时都要涂上凡士林或高真空硅脂以利于转动，且须在塞子的小端套上橡皮圈以防滑脱打破。

非磨口仪器也称普通玻璃仪器，大部分已经淘汰，剩下的少数一般为无口(如表面

皿)、广口(如烧杯)和厚壁(如研钵)等容器。

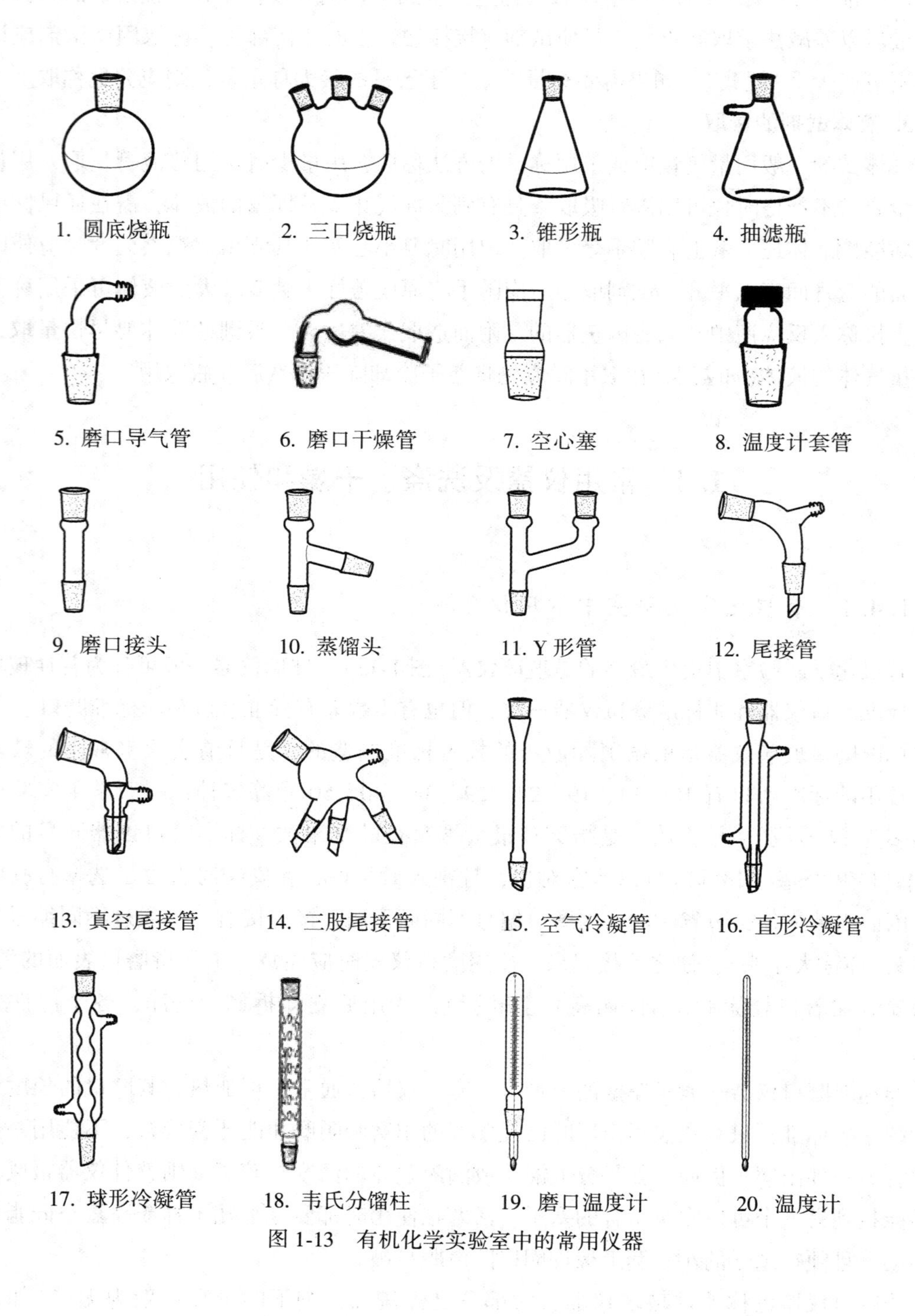


图 1-13　有机化学实验室中的常用仪器

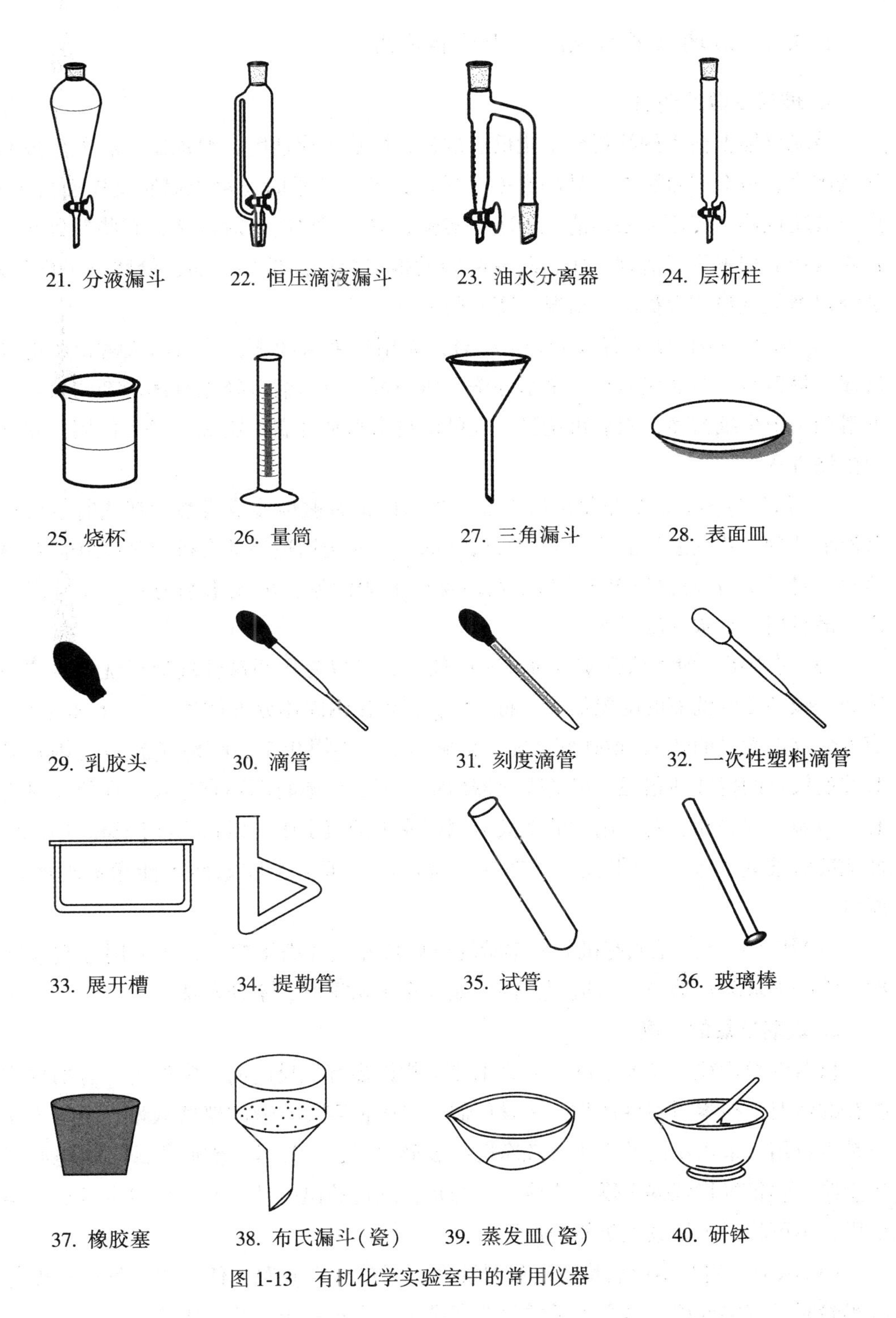


图 1-13　有机化学实验室中的常用仪器

### 1.4.2　玻璃仪器的洗涤、干燥和使用

**1. 玻璃仪器的洗涤**

玻璃仪器上沾染的污物会干扰反应进程，影响反应速度，增加副产物的生成和分离纯化的困难，也会严重影响产品的收率和质量，情况严重时还可能遏制反应而得不到产品，所以玻璃仪器在使用前必须清洗干净。实验完成以后也应及时清洗，有些残留在仪器内的污物或残渣如不及时清理干净，随着时间的推移会侵蚀玻璃表面，给洗涤工作带来困难。玻璃仪器的洗涤应根据具体情况采用不同的方法：

(1)对于一般的实验且仪器较干净时，先用自来水冲洗，然后用去污粉或洗衣粉进行洗涤，最后将洗净的仪器用自来水冲洗干净即可。对于磨口处涂有润滑剂的仪器，应先将润滑剂用卫生纸揩净，然后再洗涤。凡可用自来水和洗衣粉刷洗干净的仪器，就不要用其他洗涤方法。

(2)污物过多时需尽量倒出后再洗。当瓶内留有碱性残渣或酸性残渣时，可用酸液或碱液来处理；若残渣可能溶于某种有机溶剂，则应选用适当的有机溶剂(如丙酮等)将残渣溶解；对于不易清洗的残渣及黏附在玻璃壁上的污垢，可先用钢勺刮去，再用去污粉洗涤，最后用自来水冲洗干净。

(3)对于用一般方法确实较难洗净的仪器，可以先用强碱性洗液浸洗，再按一般方法洗涤。碱性乙醇洗液的配置如下：将 120 g 氢氧化钠固体分批加入 120 mL 水中(氢氧化钠溶解会放出大量的热)，搅拌使之完全溶解以后，再用95%乙醇稀释至 1L。因强碱性洗液对玻璃仪器的侵蚀性很强，可清除容器内壁污垢，浸泡时间不宜过长，在使用时需十分小心，勿触及皮肤和衣物。用过的洗液应倒回原来的瓶子中，以供下次洗涤之用。由于强碱性洗液对玻璃的腐蚀性很强，长期存放洗液时，可以用胶塞而不能用玻璃磨口塞封住瓶口。

(4)用于精制产品或有机分析实验的玻璃仪器，洗涤干净后，还需用蒸馏水淋洗 2~3 次。洗净的玻璃仪器应清洁透明，内壁能完全被水湿润，不挂水珠。

**2. 玻璃仪器的干燥**

仪器洗净后往往需要干燥，因为水能干扰许多有机反应的正常进行，有的反应在有水存在的情况下根本得不到产物。干燥仪器时可根据需要干燥的仪器数量、要求干燥的程度及是否急用等采用不同的方法。洗净后的玻璃仪器，可让其自然晾干或使用电吹风、气流烘干器、烘箱等将仪器干燥。应该注意的是，洗过的温度计一般可用卫生纸擦干净后直接使用，不可将温度计放入烘箱中烘干。

(1)晾干。实验结束后将所用仪器洗净，开口向下放置，任其在空气中自然晾干，下次实验时可直接取用，这样晾干的仪器可满足大多数有机实验的要求。

(2)吹干。一两件亟待干燥的仪器可用电吹风吹干，如仪器壁上还有水膜，可用1~2 mL乙醇荡洗后吹干。数件至十数件仪器可用气流烘干器吹干。

(3)烘干。较大批量的仪器可用烘箱烘干。应注意在烘干仪器时，仪器上的橡皮塞、软木塞不可放入烘箱；活塞和磨口玻璃塞需取下洗净分别放置，待烘干后再重新装配。

**3. 玻璃仪器的使用**

所有玻璃仪器在使用时都应注意：①轻拿轻放，安装松紧应适度；②除试管外一般不可直接用明火加热；③厚壁容器不可加热；④薄壁的平底器(如锥形瓶、平底烧瓶)不耐压，不可用于真空系统；⑤量器(量筒、量杯、移液管)不可在高温下烘烤；⑥广口容器不可用来储放或加热有机溶剂。

对于磨口仪器，在安装时应使磨口对接端正，勿使其受侧向应力。在磨口仪器内盛装强碱时，其磨口处应涂上一层薄薄的凡士林，以免受强碱腐蚀。在减压下使用时也应涂上一层凡士林，在高真空条件下使用时则应涂上真空油脂。

无论标准磨口或非标准磨口仪器，在不使用时都要将阳磨和阴磨拆开洗净，分开放置，以防久置黏结。如不分开放置，也可在阳磨与阴磨之间夹进小纸片来防止黏结。如果已经黏结而不能打开，可用电吹风对磨口处吹热风或用热水浸煮，然后用木块轻轻敲击使之松脱。

## 1.5 有机化学实验室安全常识

有机化学实验是一门潜在事故发生率较高的实验课程，小事故常有发生。为了预防实验事故及在万一发生事故时能及时有效地处理，尽可能减轻其危害，必须对常见事故的发生原因、预防办法及处置措施有所了解。实验室中常见的事故有：

### 1.5.1 着火

如前所述，有机试剂大部分可燃，一部分是易燃品，而实验室中最常使用的溶剂则大部分是易燃品且具有较大挥发性。同时，实验室中又要用煤气灯、电炉加热，各种电器的使用也往往会产生电火花。所以着火燃烧是发生率最高的实验事故。常见的情况有：①在烧杯或蒸发皿等敞口容器中加热有机液体，可燃的蒸气遇明火引起燃烧；②回流或蒸馏操作中未加沸石，引起暴沸，液体冲出瓶外被明火点燃；③用明火加热装有液体有机物的烧瓶，引起烧瓶破裂，液体逸出并被点燃；④在倾倒或量取有机液体时不小心将液体洒出瓶外并被明火点燃；⑤盛放有机液体的瓶子长期不加盖，蒸气不断挥发出来，由于它比空气重，会下沉流动聚集于地面低洼处，遇到丢弃的未熄灭的火柴头、烟蒂等引起燃烧；⑥将废溶剂等倒入废物缸，其蒸气大量挥发，被明火点燃；⑦在使用金属钠时，不小心使金属钠接触水或潮湿的台面、抹布等引起燃烧。

如果发生了燃烧事故，千万不可惊慌失措。首先要做的是立即关掉煤气开关，切断电源，移开火焰周围的可燃物品，然后根据不同情况作不同处置。若是热溶剂挥发出的蒸气在瓶口处燃烧，可用湿抹布盖熄；若仅有一两滴液体溅在实验台面上燃烧，则移开周围可燃物后，可任其烧完，一般会在一分钟之内自行熄灭而不会烧坏台面；若洒出的液体稍多，可用防火沙、湿抹布或石棉布盖熄；若火势较大，则需用灭火器喷熄；若可燃液体溅在衣服上并引起燃烧，应立即就地躺倒滚动将火压熄，切不可带火奔跑，以免火势扩大。

实验室内灭火应该注意：①一般不可用水去灭火，因为有机物会浮在水面上继续燃烧并随水的流动迅速扩散，只有当着火的有机物极易溶于水，且火势不大时才可用水灭火；②用灭火器灭火时应从火焰的四周向中心扑灭，且电器着火时不可用泡沫灭火器灭火；③金属钾、钠造成的着火事故不可用灭火器扑灭，更不能用水，只能用干沙或石棉布盖熄。若一时不具备这些东西，也可将实验室常用的碳酸钠或碳酸氢钠固体倒在火焰上将火扑灭。

为了预防实验中可能发生的着火事故，在实验前必须对所用到的试剂、溶剂等有尽可能详尽的了解。一般说来化合物闪点越低，越易燃烧，如果同时沸点也较低(挥发性大)，则使用时更应加倍小心。此外，实验室经常开窗通风透气以防止可燃蒸气的聚集，在实验中严格准确地按照规程操作也是必不可少的。只要实验人员懂得药品性能，重视安全，集中思想，严格操作，着火事故是可以预防的。

### 1.5.2　爆炸

有机化学实验室中易见的爆炸事故及其发生原因、预防办法和处置措施为：

(1)燃爆。一般来说，药品爆炸极限越宽广，则发生爆炸的危险性就越大。所以，在使用氢气、乙炔、环氧乙烷、甲醛等易燃气体或乙醚等液体时必须保持室内空气流通并熄灭附近的明火。

(2)在密闭系统中进行放热反应或加热液体而发生爆炸。凡需要加热的或进行放热反应的装置一般都不可密封。

(3)减压蒸馏时若使用锥形瓶或平底烧瓶作接收瓶或蒸馏瓶，因其平底处不能承受较大的负压而发生爆炸。故减压蒸馏时只允许用圆底瓶或梨形瓶作接收瓶或蒸馏瓶。

(4)乙醚、四氢呋喃、二氧六环、共轭多烯等化合物，久置后会产生一定量的过氧化物。在对这些物质进行蒸馏时，过氧化物被浓缩，达到一定浓度时发生爆炸。故在对这些物质蒸馏之前一定要检验并除去其中的过氧化物，而且一般不允许蒸干。

(5)某些类型的化合物在一定条件下会发生自爆或爆炸性反应。为此，多硝基化合物、叠氮化合物应避免高温、撞击或剧烈的震动；金属钾、钠应避免接触水、湿抹布或潮湿的仪器；重氮盐应随制随用，如确需作短期的存放，应保存在水溶液中；氯酸钾、过氧化物等应避免与还原剂混放。

爆炸事故的发生率远低于着火事故，而一旦发生，危害往往十分严重。所以，爆炸危险性较大的实验应在专门的防爆设施(如装有有机玻璃的通风橱)中进行，操作人员必须戴上防爆面罩。一般情况下不允许一个人单独关在实验室里做实验，以免在万一发生事故时无人救援。如果爆炸事故已经发生，应立即将受伤人员撤离现场，并迅速清理爆炸现场以防引发着火、中毒等事故。如果已经引发了其他事故，则按相应的方法处置。

### 1.5.3 中毒

有机化学药品的毒性及其标度方法见本书1.2节相关内容。但无论其毒性如何，摄入人体的途径却只有三条，即误服、皮肤沾染和经呼吸道摄入。误服的可能性微乎其微；而只要严格、细心地按规程操作，皮肤沾染也是可以避免的；但要预防毒品蒸气经呼吸道摄入人体却比较麻烦。所以预防中毒的最根本的办法是：①预先查阅有关资料，对所使用的试剂的毒性有尽可能详细的了解；②试剂取用后立即盖好盖子，以防其蒸气大量挥发，并保持空气流通，使空气中有毒气体的浓度降至允许浓度以下；③严格规程，细心操作，防止皮肤沾染和药品飞溅。

如果已经发生了中毒事故，应区别不同情况分别处理：

万一有药品溅入口中应立即吐出，并用大量水洗漱口腔。如果已经吞下，若为强酸或强碱者第一步都需大量饮水冲稀，第二步则分别服用氢氧化铝膏或醋、酸果汁等以中和酸、碱，第三步则服用鸡蛋白或牛奶。

皮肤沾染的原因和处理方法见“药品灼伤”部分。

若因吸入毒气而发生中毒事件，应区别症状的轻重作不同的处理。若实验者本人感到有窒息、头昏、恶心等轻微中毒症状，应停止实验，到空气新鲜处做一做深呼吸，待恢复正常后，改善实验场所的通风状况再重新开始实验。若实验者中毒昏倒，应迅速将其抬到空气新鲜处平卧休息。若严重昏迷，或出现斑点、呕吐等症状，应及时送往医院治疗。

### 1.5.4 割伤

割伤主要发生于以下两种情况：

(1)玻璃仪器口径不合而勉强连接或装配仪器时用力过猛；

(2)在向橡皮塞中插入玻璃管、玻璃棒或温度计时，塞孔太小，而手在玻璃管、棒或温度计上的握点离塞子太远。

因此，预防割伤就必须注意口径不合的仪器不要勉强连接，装配仪器用力要适度；向塞孔中插入玻璃管、棒或温度计要按正确的方法进行。

在割伤发生后应先取出伤口中的碎玻璃，若伤口不大，可用蒸馏水洗净伤口，涂上紫药水，撒上止血粉，再以纱布包扎。若伤口较大或割破了动脉血管，应以手按住或用布带扎住血管靠近心脏的一端，以防止大量出血，并迅速送往医院。

### 1.5.5　烫伤和冻伤

皮肤触及热的物体如热的铁圈、沸水、热蒸气等会被烫伤；触及干冰、液氮等会被冻伤。前者可涂上烫伤膏或万花油，后者可以手按摩，加速血液流通或涂上冻伤膏。较严重者则需请医生治疗。

### 1.5.6　药品灼伤

当强酸、强碱及腐蚀性药品沾及人的皮肤、眼睛等时，会造成药品灼伤。常见情况为：

(1)在倾倒、转移、称量药品时不小心触及；

(2)在开启储有挥发性液体的瓶塞或安瓿瓶时未预先冷却，高压蒸气携带液体冲出溅及人体；

(3)蒸馏时发生暴沸或在密闭系统中反应，塞子或仪器接头处被冲开，药液溅及人体；

(4)反应中生成的腐蚀性气体大量散发到空气中，人体暴露在这样的气体里而被沾染。

对于前三种情况，只要严格、细心地按照相应的规程操作，都可避免沾染；对于反应中产生的腐蚀性气体可根据其性质，先用水或适当的药液吸收，再将尾气导入下水道，使之不能散发到室内空气中去。

如果药品沾染已经发生，只要沾染物不是金属钾、钠，第一步都需用大量自来水冲洗，第二步应区别情况处理，酸沾染用3%～5%碳酸氢钠溶液洗；碱沾染用2%醋酸洗，溴沾染用酒精擦净溴液，再涂上甘油；酸、碱沾染还有第三步处理，即先用清水洗净，再涂上凡士林。若沾染物为金属钾、钠，则应首先清除钾、钠，再按碱沾染处理。如果沾染部位是眼睛，则先用大量自来水冲洗后，酸和溴可用1%碳酸氢钠洗，碱可用1%硼酸洗，然后送医院治疗。

### 1.5.7 走水

冷凝管的进、出水口与套接的橡皮管口径不相匹配，缓缓渗漏，或下水道堵塞，废水溢出，会造成地面大量积水。冷却水开得太大，冲脱橡皮管的套接处，水急速冲出溅上热的红外灯会引起红外灯爆炸，溅在电器或热的反应瓶上会造成电器短路或反应瓶破裂。故应注意使橡皮管口径与套接的玻璃接头相匹配，冷却水流量适宜，并保持下水道畅通。

## 1.6 有机化学实验室学生守则

为保障实验正常进行，避免实验事故，培养良好的实验作风和实验习惯，学生必须遵守下列守则：

(1)实验前须认真预习有关实验内容，明确实验的目的和要求，了解实验原理、反应特点、原料和产物的性质及可能发生的事故，写好预习笔记。

(2)实验中要集中精力，认真操作，仔细观察，如实记录，不做与该次实验无关的事情。

(3)遵从教师指导，严格按规程操作。未经教师同意，不得擅自改变药品用量、操作条件或操作程序。

(4)保持实验台面、地面、仪器及水槽的整洁。所有废弃的固体物应丢入废物缸，不得丢入水槽，以免堵塞下水道。

(5)爱护公物，节约水、电、煤气。不得乱拿别人的仪器，不得私自将药品、仪器携出实验室。公用仪器用完后要及时归还。

(6)实验完毕，洗净仪器并收藏锁好，清理实验台面，经教师检查合格后方可离开实验室。

(7)学生轮流值日。值日生须做好地面、公共台面、水槽的卫生并清理废物缸，检查水、电、煤气，关好门窗，经检查合格后方可离开。

## 1.7 实验预习、实验记录和实验报告

### 1.7.1 实验预习

为了做好实验、避免事故，在实验前必须对所要做的实验有尽可能全面和深入的认

识。这些认识包括：实验目的、实验原理(化学反应原理和操作原理)、实验所用试剂及产物的安全数据(MSDS)、主要试剂用量及规格、实验所用的仪器装置、实验操作步骤及操作要领、实验中可能出现的现象和可能发生的事故等。为此，需要认真阅读实验教材的有关章节(含理论部分、操作部分)，查阅相关资料，在专门的实验记录本上做好实验预习。实验预习应包括以下内容：实验名称、实验目的、实验原理、主要试剂和产物的物理常数及健康危害、主要试剂用量及规格、实验装置示意图(要求标明各仪器名称)、实验操作步骤(在操作步骤的右边需留出适当的空白，以供记录实验现象)、数据记录表格(对于测定数据较多的实验应提前绘制表格)。

### 1.7.2　实验记录

在实验过程中应认真操作，仔细观察，勤于思索，同时应将观察到的实验现象及测得的各种数据及时真实地记录下来。由于是边实验边记录，可能时间仓促，故记录应简明准确，也可用各种符号代替文字叙述。例如，用“△”表示加热，“+NaOH aq”表示加入氢氧化钠溶液，“↓”表示沉淀生成，“↑”表示气体放出，“sec”表示“秒”，“T↑60℃”表示温度上升到60℃，等等。

### 1.7.3　实验报告

实验报告是学生完成实验以后，对整个实验操作过程进行梳理、分析提高的过程，是把直接的感性认识提高到理性概念的必要步骤，也是工作的总结和汇报。正式的实验报告一般应包括以下内容：实验名称、实验目的、实验原理、主要试剂和产物的物理常数、主要试剂用量及规格、实验装置图(要求标明各仪器名称)、实验步骤及现象记录、数据记录表格、产率计算、实验讨论。

特别要注意的是无论装置图或操作规程，如果自己使用的或做的与教材有差异，则按实际使用的装置绘制，按实际操作的程序记载，不要照搬书上的，更不可伪造实验现象和数据。实验讨论更是实验报告的重要内容，是学生分析、归纳能力的重要体现。实验讨论不是照抄部分实验操作步骤、操作要领及实验注意事项等，也不是对一般实验现象的解释，而应该根据个人实际的实验结果(结合反应原理、实验操作、实验现象及相关数据)来进行讨论，并提出可能解决或改进的办法。

对于化合物性质实验的实验报告可采取如表1-4所示的格式。

实验报告的一般格式如表1-5所示。

表 1-4　　**性质实验报告格式**

| 实验项目 | 操　作 | 现　象 | 反应与解释 |
|---|---|---|---|
| 1. 烯烃的化学性质<br>① 与溴作用<br><br><br><br>②与高锰酸钾作用<br><br>2. …… | 在试管中放 0.5 mL 2% 的 $Br_2-CCl_4$ 溶液，滴入 4 滴环己烯，振荡。<br>…… | 溴的红色褪去<br><br>…… | 环己烯与溴加成，生成无色的溴代产物：<br>$+ Br_2 \longrightarrow$ —Br —Br<br>…… |

表 1-5　　**实验报告的一般格式**

# 有机化学实验报告

班　　级：　　　　姓名：　　　　指导老师：

实验日期：　　　　星期：　　　　实 验 室：

实验名称：

一、实验目的

二、实验原理

三、主要试剂和产物的物理常数

| 名　称 | 分子量 | 性　状 | 折光率 | 比　重 | 熔点（℃） | 沸点（℃） | 溶解度（克/100 mL 溶剂） | | |
|---|---|---|---|---|---|---|---|---|---|
| | | | | | | | 水 | 醇 | 醚 |
| | | | | | | | | | |
| | | | | | | | | | |
| | | | | | | | | | |
| | | | | | | | | | |
| | | | | | | | | | |
| | | | | | | | | | |

续表

四、主要试剂用量及规格

五、实验装置图(要求标明各仪器名称)

六、实验步骤及现象记录

| 实验步骤 | 现象记录 |
| --- | --- |
| | |
| | |
| | |
| | |
| | |
| | |
| | |
| | |
| | |

续表

| | |
|---|---|
| | |
| | |
| | |
| | |
| | |
| | |
| | |
| | |
| | |
| | |
| | |
| | |
| | |
| | |
| | |
| | |
| | |
| | |
| | |
| | |
| | |

七、数据记录表格

续表

| 八、产率计算 |
| --- |
| 九、实验讨论 |
| |
| |
| |
| |
| |
| |
| |
| |
| |
| |
| |
| |
| |
| |
| |
| |
| 评语<br><br>成绩　　　　　　教员签名 |

# 1.8　手册查阅和有机化学文献简介

查阅化学文献是化学工作者从事科学研究的重要步骤，也是必备的基本功，就如同在作战之前军人做敌情侦察一样，可以起到“知己知彼”的作用。在做实验之前查阅相关文献，可以了解某个课题的历史情况、国内外的发展水平及动态，丰富自己的思路，提高自身的科研起点，让自己做出正确判断，少走弯路，以利于实验成功，获得新的突破性研究。

化学文献种类繁多，浩如烟海，为了尽快从中找到自己所需要的内容，需对化学文献的形成和分类有所了解，对于其中与自己工作关系密切的相关文献，则要做到较为熟悉。化学实验常用的文献资料有文摘、工具书和专业参考书等。一般说来，最新的科研成果总是首先发表于各种期刊杂志上。为便于查阅期刊，一些国家有专人将发表在期刊上的文章收集摘录并作整理，编排出检索目录后再出版，称为文摘。文摘虽便于查找，但由于内容涉及方方面面，而一个化学工作者往往毕生只侧重某一方面的工作，每次都直接从文摘中查找内容仍过于繁琐。所以有人专门收集整理某一方面的常用资料，严格编排检索方法后出版。其中专门收集各种数据公式、物理常数和理化性质的称为工具书，如辞典、手册等；专门收集某一专业或某一领域内前人工作经验的称为专业参考书，如《有机合成反应》《化学实验规范》等。工具书和专业参考书中内容深广、分多册出版的称为系列参考书。

计算机网络的出现为文献的查阅提供了空前的方便，特别是近 30 年来，随着互联网的飞速发展，数字文献在文献家族中逐渐占据主导地位，几乎成为科学技术工作者不可或缺的、最为重要的信息源泉，也成为现代人的首选。它可以在很短的时间内完成大范围的搜索，迅速找出所需要的文献。但入网的文献只有小部分是免费的，而且都是较新近的文献，20 世纪 90 年代以前的文献入网得很少，所以较早期的资料还需要从书面文献中去查阅。

## 1.8.1　书面文献

**1. 工具书**

1)《化工辞典》

该辞典由化学工业出版社出版，其第五版(2014 年 5 月)收集了包括各种化学、化工、医药、材料、环保等词目共 16 000 余条。对所涉及的化合物都列出了分子式、结构式、基本的物理化学性质、熔点、沸点、密度及溶解度等数据，并有简要的制法和用途说明。书前附有汉语拼音检字索引及汉字笔画检字索引，书末附有英文索引。

2)《试剂手册》

该手册由中国医药公司上海试剂采购供应站编写，上海科学技术出版社出版，其第三版(2002 年 11 月)收入了化学试剂 11 560 余种，包括无机试剂、有机试剂、生化试剂、临床试剂、仪器分析用试剂、标准品、精细化学品等。每种试剂给出了中英文名称、别名、化学结构式、分子式、相对分子质量、性状、理化常数、毒性数据、危险性质、用途、质量标准、安全注意事项、危险品国家编号等详细资料，书末附有中英文索引。

3)《溶剂手册》

该手册化学工业出版社出版，其第四版(2008 年)收录了 996 种溶剂。全书分总论与各论两大部分。总论共五章，概要地介绍了溶剂的概念、分类、各种性质、安全使用以及溶剂的综合利用。各论共十二章，按官能团分类介绍，包括烃类(118 种)、卤代烃(128 种)、醇类(85 种)、酚类(9 种)、醚和缩醛类(69 种)、酮类(42 种)、酸和酸酐类(23 种)、酯类(183 种)、含氮化合物(119 种)、含硫化合物(17 种)、多官能团(179 种)以及无机溶剂(24 种)。重点介绍每种溶剂的理化性质、溶剂的性能、精制方法、用途和安全使用注意事项等，并附有可供参考的数据来源的文献资料、索引及部分国家标准。

4)外文工具书

*Handbook of Chemistry and Physics*(《化学与物理手册》)

*The Merck Index*(《默克索引》)

*Dictionary of Organic Compounds*(《有机化合物辞典》)

*Brillstein's Handbuch der Organischen Chemie*(《拜耳斯坦有机化学手册》)

*Lange's Handbook of Chemistry*(《兰氏化学手册》)

*Chemical Dictionary*(《英汉化学辞典》)

*Aldrich*: *Catalog handbook of fine chemicals*(《奥尔德里奇精细化学品目录手册》)

**2. 有机化学实验参考书**

(1)清华大学化学系教学实验中心编写的《有机化学实验》(清华大学出版社，2014)和《基础有机化学实验》(清华大学出版社，2010)。

(2)北京大学化学与分子工程学院有机化学研究所编写的《有机化学实验(第 3 版)》(北京大学出版社，2015)。

(3)兰州大学编写的《有机化学实验(第四版)》(高等教育出版社，2017)。

(4)兰州大学、复旦大学化学系有机化学教研室编写的《有机化学实验(第二版)》(高等教育出版社，1994）。

（5）黄涛主编的《有机化学实验（第二版）》（高等教育出版社，1998）。

**3. 与有机合成实验相关的系列参考书**

*Organic Syntheses*（《有机合成》）

*Organic Reactions*（《有机反应》）

*Reagents for Organic Synthesis*（《有机合成试剂》）

**4. 化学文摘**

化学文摘是将每年发表的大量的、分散的、各种文字的文献加以收集、摘录、分类、整理，以便查阅的杂志。美、德、英、俄、日等国都有（或曾有）化学文摘性刊物，目前应用最广泛的是美国化学文摘。

美国化学文摘（*Chemical Abstracts*，*CA*），由美国化学会化学文摘社编辑出版，于1907年创刊，是目前世界上报道化学文摘最悠久最齐全的刊物，被称为“打开世界化学文献的钥匙”。自1967年（66卷）至今，每卷出26期，单期号刊载生化类和有机化学类内容，双期号刊载大分子类、应用与化工、物化与分析类内容。索引方式主要有关键词索引、主题索引、化学物质索引、分子式索引、作者索引、专利索引和登录号手册等。

**5. 与有机化学关系密切的期刊**

（1）《中国科学（化学专辑）》，中国科学院主办，刊登中国化学学科各领域重要的基础理论方面和创造性的研究成果。

（2）《化学学报》，中国化学会主办，主要刊登化学学科基础和应用基础研究方面的创造性研究论文的全文、研究简报和研究快报。

（3）《化学通报》，中国科学院化学所和中国化学会主办，以刊载专论、评书，介绍知识，交流教学经验为主，也有少量研究简报。

（4）《有机化学》，中国科学院上海有机化学研究所和中国化学会主办，主要刊登有机化学领域基础研究和应用基础研究的原始性研究综述、论文、通讯、简报等。

（5）《高等学校化学学报》，中国教育部主办，主要报道中国高校化学学科各领域创造性研究成果，也刊载高校以外的研究人员在化学研究方面的最新成果。

（6）*Chemical Reviews*（《化学评论》），简写 *Chem. Rev.*，1924年创刊，刊载无机、有机、物理化学等方面的研究成果、发展概况和专题评论。

（7）*Journal of the American Chemical Society*（《美国化学会志》），简写 *J. Am. Chem. Soc.*，或 *J. A. C. S.*，1879年创刊，主要刊载无机、有机、物化、高分子及生物化学等领域内的原始性研究论文。

(8)*Angewandte Chemie*(《应用化学》)，简写 *Angew. Chem.*，德文。1888 年创刊，1962 年开始出国际版 *Angewandte Chemie International Edition*，刊载化学方面的研究论文、通信简报及专题评论。其中有机化学方面内容居多。

(9)*The Journal of Organic Chemistry*(《有机化学杂志》)，简写 *J. Org. Chem*，1936 年创刊，刊载有机化学方面的研究论文、短文和简报。全文中有比较详细的合成步骤和实验结果。

(10)*Synthesis*(《合成》)，1973 年创刊，主要刊载有机合成化学方面的评述性文章、通讯和文摘。

(11)*Tetrahedron*(《四面体》)，*Tetrahedron Letters*(《四面体通讯》)，1959 年创刊，刊载有机化学方面的研究论文及综述评论。

### 1.8.2 化学学科的电子资源

(1)中国期刊网(https://www.qikanchina.com)

(2)万方数据库(https://g.wanfangdata.com.cn)

(3)维普数据库(http://www.cqvip.com)

(4)微谱数据库(http://www.nmrdata.com)

(5)中国知网(https://www.cnki.net)，中国知网学术搜索(https://scholar.cnki.net)

(6)Web of Science(https://www.webofscience.com/wos/woscc/basic-search)

(7)Science Online(https://www.science.org)

(8)Nature(https://www.nature.com)

(9)ACS(American Chemical Society 美国化学会)(https://pubs.acs.org)

(10)Wiley Online Library(https://onlinelibrary.wiley.com)

(11)RSC(Royal Society of Chemistry 英国皇家化学学会)(https://pubs.rsc.org)

(12)Springer(https://link.springer.com)

(13)SciFinder Scholar(CA 网络版，需注册，注册链接、网址及基本使用说明参考武汉大学图书馆网站)

SciFinder 是当今能提供最精确和最全面的化学和相关科学信息的学术先导。它提供数以百万计的重要科学数据都与已发表的文献相连接。它把期刊论文和专利的参考文献一起连接成一个资源提供使用，可以大大节省检索者的宝贵时间。SciFinder 的检索界面(Explore)列有各种检索选项，如研究主题、作者名称、化学结构、分子式、化学反应、

CAS 号、专利优先权项等。SciFinder 对文献有 Analyze(分析)、Refine(限定)、Categorize(分类)3 种加工功能，也可以将选取的特定文献命名并保存在 SciFinder 账号中，并将结果输出为可用 EndNote 等引文管理软件打开的文件。

(14) Reaxys(https：//www. reaxys. com，收入武汉大学图书馆数据库)

Reaxys 是一个全新的辅助化学研发的在线解决方案，它将著名的 CrossFire Beilstein，Gmelin，Patent Chemistry 数据库进行整合，提供大量有机合成、药物化学、生物化学和生命科学的权威信息，它将化学反应和化合物数据检索与合成线路设计功能完美地无缝对接，使科技检索工作更加高效、精准。

# 第二部分　有机化学实验基本操作和技术

## 2.1　晶体化合物的熔点测定

熔点(melting point)是晶体化合物的一个重要物理常数。熔点的严格定义为晶体物质固液两态在大气压力下达到平衡状态时的温度。纯净的晶体化合物，一般都有固定而敏锐的熔点，即在一定压力下，固-液两相之间的变化都是非常敏锐的，初熔至全熔的温度差(熔距)一般不超过1℃。但如混有少量杂质则其熔点下降，且熔距也会增大。因此准确测定晶体化合物的熔点具有以下作用：

(1)粗略地鉴定晶体样品。当一种晶体可能为A，也可能为B时，只要准确测定其熔点，再与文献记载的A、B的熔点相比较，大体上可以确定该晶体是A或是B。

(2)定性地确定化合物是否纯净。准确测定晶体样品的熔点，将测得的数据与文献记载的标准数据相比较。如果相符，则说明样品是纯净的；如果与文献值相差较大，则说明样品不纯净。

(3)确定两个晶体样品是否为同一化合物。同一种纯净的晶体化合物，其熔点是固定不变的，但不同种的晶体化合物也可能具有相同的或非常相近的熔点。如果将两个不同的晶体样品混合研细，即相当于在一种晶体中掺入了杂质，会造成熔点降低和熔矩拉长。如将两种晶体按不同的比例(通常为1∶9、1∶1和9∶1三种比例)混合研细测定熔点，若测定结果相同，则说明该两种晶体为同一化合物，如测定结果比单一晶体的熔点下降了，则说明是不同的化合物。

### 2.1.1　基本原理(含有杂质的晶体的熔融行为)

对晶体加热，温度升高，晶体的蒸气压随之升高。如以温度为横坐标，以压强为纵坐标作图，可得到图2-1，此即为该物质的相图。

相图由固-气平衡曲线 *ST*、固-液平衡曲线 *TV* 和气-液平衡曲线 *TL* 组成。虚线 *CD* 是压强为一个标准大气压的等压线。按照严格的定义，化合物的熔点是在一个大气压下固-液

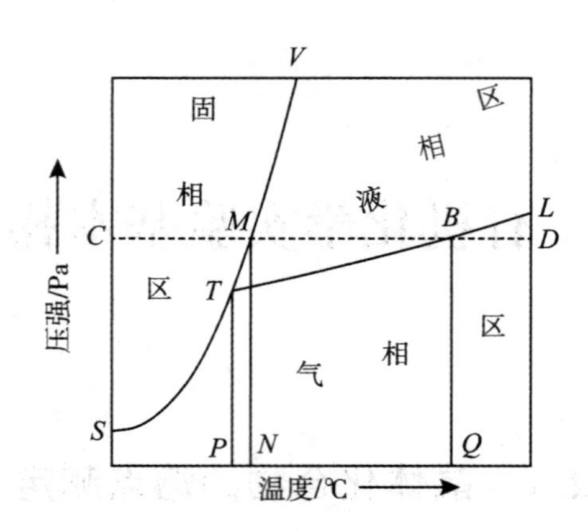


图 2-1　物质三相平衡曲线示意图

平衡时的温度，图中的 $M$ 点压强为 1 个大气压，且处于固-液平衡曲线 $TV$ 上，因而 $M$ 所对应的温度点 $N$ 即为该晶体的熔点。同样，化合物的沸点是在一个大气压下气-液平衡时的温度，$B$ 点在 $CD$ 线上，且在气-液平衡曲线 $TL$ 上，所以 $B$ 所对应的温度点 $Q$ 即为该物质的沸点。三条平衡曲线交汇于 $T$ 点，$T$ 被称为三相点。三相点的主要特征为：

(1)三相点处气、液、固三相平衡共存；

(2)三相点是液体存在的最低温度点和最低压强点；

(3)大多数晶体化合物三相点处的蒸气压低于大气压，只有少数晶体三相点处的蒸气压高于大气压；

(4)晶体化合物的三相点温度低于其熔点温度，但相差甚微，一般只低几十分之一度。

结晶态物质在三相点处出现的液体是看得见的液滴，若晶体中含有少量杂质，则杂质中的极微量液体与原晶体中的极微量液体就会相混合而形成溶液。描述溶液蒸气压行为的拉乌尔定律的表达式为：

$$P_{\mathrm{A}}=P_{\mathrm{A}}^{0}\cdot x_{A}$$

式中，$P_{\mathrm{A}}$为 A 组分的蒸气分压；$P_{\mathrm{A}}^{0}$为 A 组分独立存在时的蒸气压；$x_{\mathrm{A}}$为 A 在溶液体系中的摩尔分数。由于 $x_{\mathrm{A}}$总小于 1，所以 $P_{\mathrm{A}}$总小于$P_{\mathrm{A}}^{0}$，即因 A 液体中溶入了杂质 B 而使 A 的蒸气分压下降。

在相图(图 2-2)中则表现为 A 的气-液平衡曲线 $TL$ 的位置下降。例如，下降至 $T_1L_1$的位置。

当晶体 A 受热升温时，A 的蒸气压将沿固-气平衡曲线 $ST$ 的方向上升，当升至与 $T_1L_1$相交的 $T_1$点时开始有看得见的液相出现，此时的温度 $R$ 即为晶体 A 的初熔点，它低于 A 的三相点温度 $P$。随着温度的升高，A 和 B 都逐渐熔融而进入液相，在液相中 A 与 B 的比

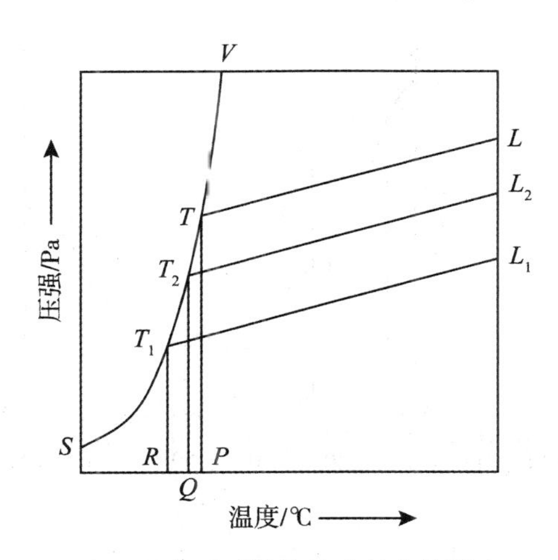


图 2-2 杂质对晶体熔融行为的影响

例大体不变，基本相当于初始溶液中的比例，因而气-液平衡曲线大体上仍停留在 $T_1L_1$ 的位置上。但 B 的绝对量远少于 A，故 B 将首先全部进入液相。当 B 全部进入液相后，A 仍将继续不断地进入液相，从而使液相中 A 的比例增大。从拉乌尔定律可知，溶液中 A 的比例增大将导致 A 的蒸气分压上升，即 A 的气-液平衡曲线的位置上升。当 A 也全部进入溶液时，A 在溶液中所占的比例不再改变，A 的气-液平衡曲线 $T_2L_2$ 的位置也就固定下来。但此时液相中仍然有 B 存在，因而 A 的蒸气分压仍然小于它独立存在时的蒸气压，$T_2L_2$ 的位置也仍然处于纯 A 的气-液平衡曲线 $TL$ 的下方。$T_2L_2$ 与 $ST$ 的交点 $T_2$ 即为 A 的全熔点，$T_2$ 所对应的温度点 $Q$ 低于纯 A 的三相点温度 $P$。绝大多数晶体的三相点温度稍低于其熔点，所以含有杂质的晶体的全熔点低于其纯品的熔点。

从图 2-2 可以看出，晶体 A 从初熔到全熔经历了一个温度区间 $R \sim Q$，这个温度区间称为 A 的熔程，$R$ 与 $Q$ 的差值称为 A 的熔距。例如，某含杂质的晶体在 119℃ 初熔，在 123℃ 全熔，则其熔程为 119～123℃，熔距为 4℃。纯净化合物的熔距很短，一般不超过 1℃，有的甚至只有几十分之一度，可以近似地看作一个温度点。当化合物中混有杂质时，不但熔点下降，熔距也会变长。

如果将晶体 A 与晶体 B 按照不同的摩尔百分比相混合，分别测定各种配比的混合晶体的初熔点和全熔点，然后以组成为横坐标，以温度为纵坐标作图，则可以得到图 2-3 所示的二组分体系熔融相图。

从图中可以看出，$A$ 点是纯净的 A 物质，它具有固定而敏锐的熔点 $t_A$。在其中加进杂质 B 后它的组成点为 $D$，初熔点为 $A_1$，全熔点为 $A_1'$，即其熔程为 $A_1 \sim A_1'$，熔距为 $A_1A_1'$。再加入 B 物质，当其组成点为 $E$ 时，熔距为 $A_2A_2'$，并有 $A_2A_2' > A_1A_1'$。再继续加入 B 物

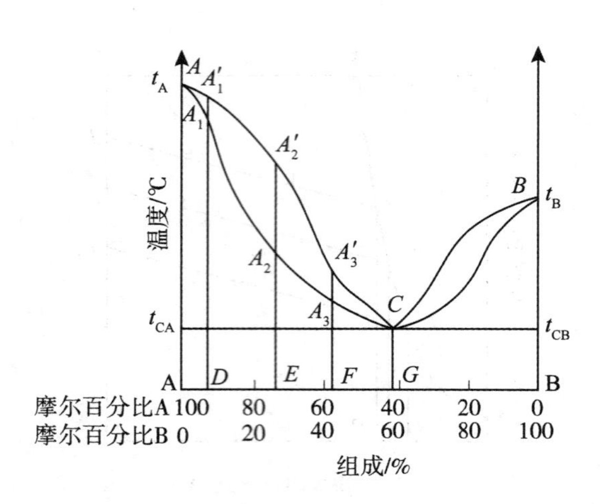


图 2-3　二组分体系熔融相图

质，当其组成点为 $F$ 时，熔距为 $A_3A_3'$，此时反倒是 $A_3A_3' < A_2A_2'$ 了，所以，当样品所含杂质超过某一限度时，熔距变长的趋势就会发生逆转。图中的初熔点曲线 $AA_1A_2A_3C$ 和全熔点曲线 $AA_1'A_2'A_3'C$ 在 C 点处汇合，此后熔点反而会升高，熔距又会逐渐变长，升高到某一配比时，熔距再次变小，最后在 B 处交汇，这时的组成是 100%的 B 物质。反之，如果在纯净的 B 物质(具有固定而敏锐的熔点 $t_B$)中加入 A 物质，并不断增大 A 的比例，也会获得同样的结果。图中有一个固定的组成点 G，在此组成时混合物具有最低的但很敏锐的熔点 $C$，$C$ 被称为最低共熔点。

虽然晶体物质随着其中所含杂质的量的增加，其熔点的下降和熔距的变长都会发生逆转，但这样的逆转都是在杂质含量很大的情况下发生的。对于一般的晶体样品来说，在杂质含量都较少的情况下，例如在 5%以下，在这样小的范围之内熔点的下降和熔距的变长都不会发生逆转。

准确测定晶体样品的熔点，并将测定结果与文献记载值相比较，考察其熔点是否下降了，熔矩是否变长了，就可以判断其中是否含有杂质，并可粗略判断所含杂质的多少。

### 2.1.2　测定熔点的装置和方法

测定熔点的装置和方法多种多样，大体上可分为两类：一类是毛细管法，另一类是显微熔点测定法。

**1. 毛细管法**

毛细管法是将少量晶体样品研细后，装入特制的毛细管中加热进行测量的方法，具有简单方便的优点。测定熔点装置有提勒管、电热熔点仪及视频熔点仪等。但在实际应用中，提勒管法已逐渐被其他熔点测定仪所代替。

提勒管法测定熔点是一种古老而经典的方法。它是将装有样品的毛细管粘在温度计上，使装有样品的一端与温度计的水银球相平齐。将温度计插入某种载热液体。加热载热液，观察样品及温度的变化，记下晶体熔化时的温度，即为该样品的熔点。其主要缺点是测定时间较长，且在测定过程中看不清可能发生的晶形变化，以及后期需处理载热废液。

测定熔点所用的载热液体，应具有沸点较高、挥发性甚小、在受热时较为稳定等特点。常用的载热液有：

(1)浓硫酸。价廉易得，适用范围220℃以下，更高温度下会分解放出三氧化硫。缺点是易于吸收空气中水分而变稀，所以每次使用后需用实心塞子塞紧容器口放置。

(2)磷酸。适用范围300℃以下。

(3)浓硫酸与硫酸钾的混合物。当硫酸与硫酸钾的比例为7∶3或5.5∶4.5时适用范围为220~320℃，当此比例为6∶4时，可测至365℃。但这些混合物在室温下过于黏稠或呈半固态，因而不适于测定熔点较低的样品。

此外也可用石蜡油或植物油作载热液，其缺点是长期使用易于变黑。硅油无此缺点，具有良好的高温稳定性和抗氧化性能，适用范围为300℃以下，是实验室中常用的油浴介质。

提勒管(Thiele tube)的主管像一支试管，其尾部卷曲与主管相连，如图2-4所示。

用提勒管法测定熔点的操作步骤为：

(1)安装装置。将提勒管竖直固定于铁架台上，加入选定的载热液，载热液的用量应使插入温度计后其液面高于上支管口的上沿约1 cm为宜。插入带有塞子的温度计。温度计的量程应高于待测物熔点30℃以上。温度计的安装高度应使温度计的水银球处于上、下支管口的中间位置。温度计需竖直、端正，不能偏斜或贴壁。塞子以软木塞为好，无软木塞时也可用橡皮塞，但橡皮塞易被有机载热液溶胀，也易被硫酸载热液碳化而污染载热液，所以应尽量避免橡皮塞触及载热液。塞子的侧面应用小刀切一切口，以利于透气和观察温度，在该段温度不需观察的情况下，也可用三角锉刀锉出一个侧槽而不切口。

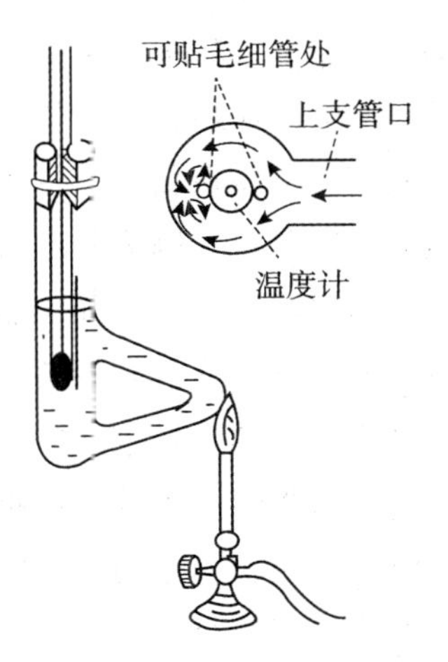

图2-4　提勒管法测定熔点

(2)装样。取充分干燥的固体样品少许，置于干燥洁净的表面皿上，用玻璃钉将其研成细粉，然后拢成一个小堆，把熔点管开口端向下插入样品堆中，即有一部分样品进入熔点管。把熔点管倒过来使开口端向上，从一根竖直立于实验台上的、长约40 cm的、内壁洁净干燥的玻璃管上口丢下，使熔点管在玻璃管中自由落下，样品粉末即震落于熔点管底部。再将熔点管倒过来使开口端向下，重新插入样品堆中并重复以上操作。经数次之后，熔点管底部的样品积至约 3mm 高时，可使熔点管在玻璃管中多落几次，以使样品敦实紧密。最后用卫生纸将熔点管外壁沾着的固体粉末擦净，以免污染载热液。

(3)测定和记录。把温度计从硫酸中取出，在提勒管内壁上刮去过多的硫酸。借助于温度计上残余硫酸的黏合力将装好了样品的熔点管黏附在温度计上，使熔点管内的样品处于温度计水银球的侧面中部位置。将温度计连同黏附的熔点管一起小心地插回提勒管中去，使熔点管仍然竖直地紧贴温度计，处于靠近上支管口一侧或其对面一侧。因为前者在加热时会受到来自上支管口的回流的载热液的直接冲击而被紧紧压在温度计上；后者则会被温度计背面所产生的液体涡旋紧压在温度计上(图 2-4)。温度计的刻度应处于方便观察的角度。最后点燃煤气灯(或酒精灯)，在上下支管交合处加热。开始时加热速度可稍快，每分钟上升 2～3℃；当温度升至样品熔点以下 5～10℃时，减慢加热速度使每分钟上升 1℃；在接近熔点时加热速度宜更慢。正确控制加热速度是测定结果准确与否的关键。因为传热需要时间，如果加热太快，来不及建立平衡，会使测定结果偏高，而且看不清在熔融过程中样品的变化情况。

样品中出现第一滴可以看得见的液珠时的温度即为初熔点；样品刚刚全部变得均一透明时的温度即为全熔点。在初熔之前还往往会出现萎缩、塌陷等情况，也需详细记录。例如，样品在 154℃开始萎缩，155.5℃初熔，156.5℃全熔，可记为：熔程 155.5～156.5℃(154℃萎缩)。读数时眼睛应与温度计汞线上端相平齐，以免造成视差。

每测完一次后移开火焰，待温度下降至熔点以下约 30℃后取出温度计，将熔点管拔出并放入废物缸，重新粘上一支新的已装好样品的熔点管做下一次测定，不可用原来的熔点管做第二次测定。因为样品重新凝固后可能晶态有所改变，不一定能再现前一次的测定结果。当需要测定几个不同样品的熔点时，应按照熔点由低到高的顺序依次测定，因为等待载热液的温度下降需要较长的时间。测定未知物的熔点时，可用较快的升温速度先粗测一次，确定熔点的大致范围后，再按照已知样品那样做精确测定。如果样品易于升华，在装好样品后可将熔点管的开口端也用小火熔封，然后测定。如果两次测得的结果差异较大，需要测第三次，直至两次测定结果平行。

在测定工作全部结束后，取出温度计，用实心塞子塞紧提勒管口，以免载热液吸水或被污染。取出的温度计需冷至接近室温，用废纸揩去硫酸后再用水冲洗。不可将热的温度计直接用水冲洗，否则可能造成温度计炸裂。

(4)常见故障的处理。若载热液变黑无法观察，在硫酸为载热液时，可加入少量硝酸钾固体并加热，一般能变得较为清亮，便于观察。当载热液为有机液体时，则需更换载热液。若温度计插入后，熔点管倾斜、漂浮或贴壁，可能有两种原因：一是操作上的失误，二是毛细管太粗，浮力过大。前者需要将熔点管取出重新黏附好，重新小心地插入；后者需用一小橡皮圈在靠近开口端的地方将熔点管固定在温度计上。在这种情况下应小心地避免橡皮圈接触和污染载热液。如果在加热之前样品迅速自下而上地变黑，则是熔点管底部封结不好，有硫酸渗入，样品碳化，需更换熔点管。如遇加热过快而未能准确地看清熔程时，也需更换熔点管重新测定。

在毛细管法中，用电热熔点仪(图 2-5)测定熔点较为方便。测定时，不需要通过载热液体加热，可将装有样品的毛细管直接放入样品槽中用电加热，通过放大镜观察样品熔融情况，再通过观察温度计分别记录初熔和全熔温度。

目前用视频熔点仪(图 2-6)来测量熔点更为便捷。视频熔点仪通过观察窗 8 倍放大样品测试室，能实时高清显示样品变化，并自动记录相应初熔和全熔温度，可同时测试 4 个样品。视频熔点仪不仅升温降温速度快，而且还可以准确控制升温速率，保证测试结果的稳定可靠。由于样品测试室采用硅油加热，因此测试熔点的适用范围为 300℃以下。

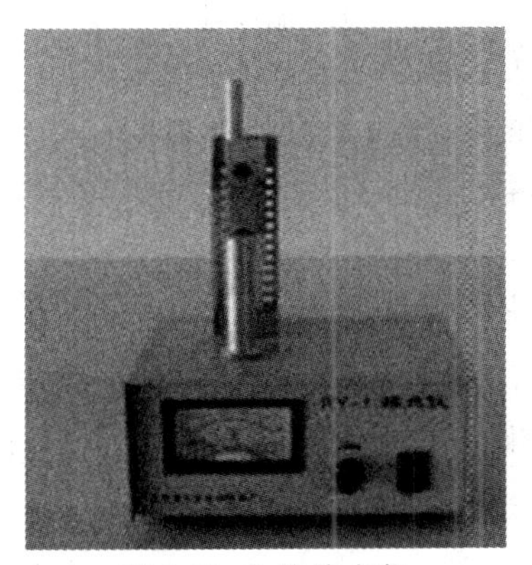

图 2-5　电热熔点仪

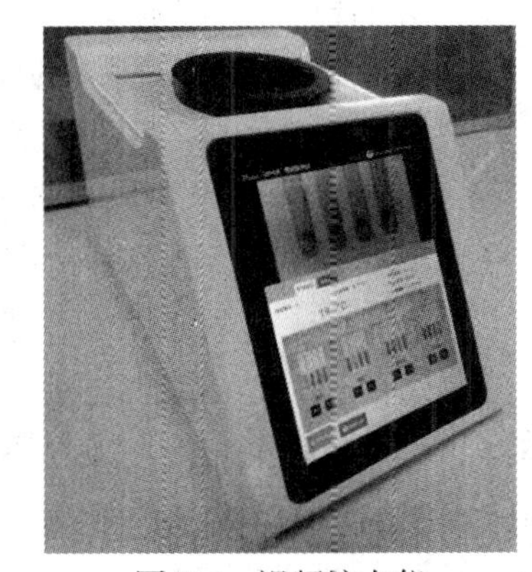

图 2-6　视频熔点仪

**2. 显微熔点测定法**

显微熔点测定仪是在普通显微镜的载物台上装置一个电加热台，如图 2-7 所示。

样品被夹在两片 18mm 见方的载玻片之间，放置在电热台上，由可变电阻器控制加热台内的电热丝加热，通过目镜和物镜观察样品的晶形及变化。装温度计的金属套管水平地装置于电热台侧面。利用显微熔点测定仪测定熔点的操作为：

(1)在采光良好的实验台面上放好显微熔点测定仪，在电热台侧面装上温度计套管，在套管中插入选定的温度计并转动至便于观察的角度。

(2)将与仪器配套的可变电阻的输出插头插入电热台侧面的插孔。

(3)用不锈钢刮匙挑取微量样品放在一块 18mm×18mm 的干净载玻片上，再用另一块同样的载玻片将样品盖好，轻轻按压并转动，使上、下两块玻片贴紧。用干净的镊子将玻片夹好，小心平放于电热台上，然后用拨物圈移动载玻片，使样品位于电热台中心的小孔

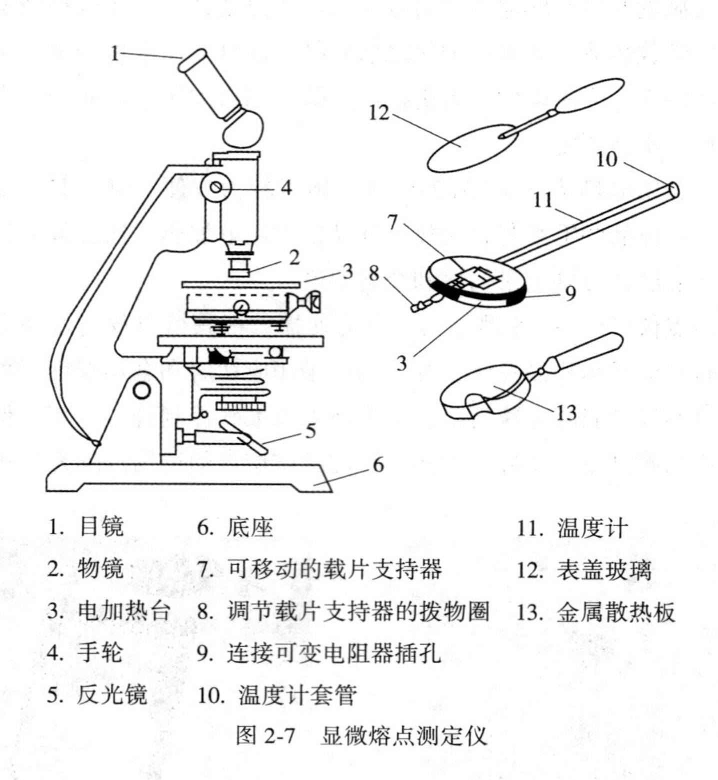


1. 目镜　6. 底座　11. 温度计
2. 物镜　7. 可移动的载片支持器　12. 表盖玻璃
3. 电加热台　8. 调节载片支持器的拨物圈　13. 金属散热板
4. 手轮　9. 连接可变电阻器插孔
5. 反光镜　10. 温度计套管

图 2-7　显微熔点测定仪

上。转动反光镜并缓缓旋转手轮，调节显微镜焦距，使晶体对准光线的入射孔道，至视野中获得最清晰的图像为止。

(4)盖上桥玻璃(桥玻璃宽 20mm，长 30mm，高 3~4mm，是用来保温的)，再盖上表盖玻璃形成热室。重新调节显微镜焦距，使物像清晰。

(5)调节可变电阻的旋钮至与被测物的熔点相匹配。与仪器配套的可变电阻的刻度盘上往往直接标出相应的位置所能达到的温度上限，因而可以直接确定旋钮停留的最佳位置。然后接通电源，开始加热，观察温度变化并通过显微目镜观察样品的晶形变化。当晶体棱角开始变圆时即为初熔，当晶体刚刚全部消失，变为均一透明的液体时的温度即为全熔，在此过程中可能会相伴产生其他现象，如晶形改变等，都要详细记录。

(6)测定完毕，切断电源，取下盖玻璃和桥玻璃，用镊子小心地取下载玻片。如需再测一次或测定另一个样品，可将金属散热板放在电热台上，待温度下降到熔点以下约 30℃ 时取下金属散热板，换上另两片夹有样品的载玻片进行测定。

(7)全部测定工作结束后，切断电源，拔下可调电阻的输出插头，取出温度计，旋下温度计套管。用脱脂棉球蘸取丙酮擦去载玻片上的样品，用丙酮洗净，收入原来的盒子。将各部件收入原来的位置。

# 2.2 简单蒸馏

将液体加热气化，同时使产生的蒸气冷凝液化并收集的联合操作过程称为简单蒸馏或普通蒸馏，也简称蒸馏。

简单蒸馏是有机化学实验中最重要的基本操作之一，在实验室和工业生产中都有广泛的应用。其主要作用是：

(1)分离沸点相差较大(通常要求相差30℃以上)且不能形成共沸物的液体混合物；

(2)除去液体中的少量低沸点或高沸点杂质；

(3)测定液体的沸点；

(4)根据沸点变化情况粗略鉴定液体的种类和纯度。但简单蒸馏的分离效果有限，不能用以分离沸点相近的液体混合物，也不能把共沸混合物中各组分完全分开。

## 2.2.1 简单蒸馏的基本原理

将液体加热，其蒸气压随着温度的升高而升高，当蒸气压升至与外界施加于液面的压强相等时，气化现象不仅发生于液体表面，而且也剧烈地发生于液体的内部，有大量气泡从液体内部逸出，这种现象称为沸腾。通常把沸腾时的温度称为沸点。由于沸点与外界压强有关，所以记录沸点时需同时注明外界压强。如不注明压强，则通常认为外界压强为一个标准大气压($10^5$Pa)。

对于两组分混合体系如液体A和液体B可以无限混溶，但不能缔合，也不能形成共沸物，则由A和B组成的二元液体体系的蒸气压行为符合拉乌尔(Raoult)定律。拉乌尔定律的表达式为：

$$P_A = P_A^0 \cdot x_A$$

式中，$P_A$为A的蒸气分压；$P_A^0$为当A独立存在时在同一温度下的蒸气压；$x_A$为A在该体系中所占的摩尔分数。由于该体系中只有A，B两个组分，所以$x_A = 1 - x_B$，其中$x_B$为B在体系中所占的摩尔分数。显然，$x_A < 1$，$P_A < P_A^0$，即在无限混溶的二元体系中各组分的蒸气分压低于它独立存在时在同一温度下的蒸气压。同理，对于液体B来说，也有：

$$P_B = P_B^0 \cdot x_B < P_B^0$$

设该二元体系的总蒸气压为$P_{总}$，则有：

$$P_{总} = P_A + P_B = P_A^0 \cdot x_A + P_B^0 \cdot x_B$$

对体系加热，$P_A$和$P_B$都随温度升高而升高，当升至$P_{总}$与外界压强相等时，液体沸腾。

如果 A 的正常沸点低于 B 的正常沸点，且 A，B 在液相中占有相同的摩尔分数，即 $x_A = x_B$，由于 A 的沸点低，挥发性大，因而有较多的 A 分子脱离液相而进入气相，则在气相中 A 将占有较多的摩尔分数，即液相和气相的组成是不同的。如果将沸腾时产生的混合蒸气冷凝收集，则在收集所得的液体中 A 所占的比例必然大于它在原来的二元体系中所占的比例，或者说，低沸点组分在收集液中得到富集，这就是简单蒸馏的基本原理。

简单蒸馏一般不能将液体混合物完全分离开来，但却可以富集低沸点组分或高沸点组分。如果对收得的馏分再进行第二次简单蒸馏，其低沸点组分必将在馏出液中进一步富集。接着再进行第三次、第四次以至多次的简单蒸馏，馏出液中的低沸点组分必将进一步富集，直至可以获得纯净的低沸点组分。对于沸点相近的互溶体系，有限次的简单蒸馏一般不能获得满意的分离效果。但是，当混合物中两组分沸点相差较大，或是高沸点组分的含量甚少(如在 10%以下)时，一次简单蒸馏也有可能获得纯净的低沸点组分。

有时液体的温度已经达到或超过其沸点而仍不沸腾，这种现象称为过热。过热的原因在于液体内部缺乏气化中心。通常液体在接近沸点的温度下，内部会产生大量极其细小的蒸气泡。这些蒸气泡由于太小，其浮力不足以冲脱液体的束缚，因而分散地滞留于液体中。如果装盛液体的器皿表面粗糙，吸附有较多空气，则受热时空气泡会迅速增大体积并向上浮起，在上升时吸收液体中滞留的微小蒸气泡一起逸出液面。在这种情况下，这些空气泡起着气化中心的作用，可使液体平稳地沸腾而不会过热。但在玻璃瓶中加热液体，瓶底及内壁非常光滑，极少吸附空气，不能提供气化中心，就会造成过热，特别是当液体较黏稠时更易过热。

过热液体的内部蒸气压大大超过了外界压强，一旦有一个气化中心形成，就会造成许多较大的气泡，这些气泡在上升过程中又会进一步吸收大量滞留的蒸气泡而使其体积急剧膨胀并携带液体冲出瓶外，这种不正常的沸腾现象称为暴沸。在蒸馏操作中，暴沸会将未经分离的混合物冲入已被分离开的纯净物中去，造成实验失败，严重时还会冲脱仪器的连接处，使液体冲出瓶外，造成着火、中毒等实验事故。为防止暴沸，在蒸馏、回流等操作中投入沸石，以其粗糙表面上吸附的空气提供气化中心，可使液体平稳地沸腾而不会过热。用电热磁力搅拌器对液体进行加热时，可用磁芯代替沸石提供气化中心。

### 2.2.2　简单蒸馏的仪器选择

实验室中常用的简单蒸馏装置如图 2-8 所示，由热源、蒸馏瓶、蒸馏头、温度计、冷凝管、尾接管和接收瓶组成。

热源的选择可参见第一部分常识性技能中有关加热方式的选择，有机实验一般应避免选择明火加热，同时还应考虑所用容器的形状及所需达到的温度来选择合适的加热方式。对于一般的合成实验，常选择水浴、油浴或电热套来加热。

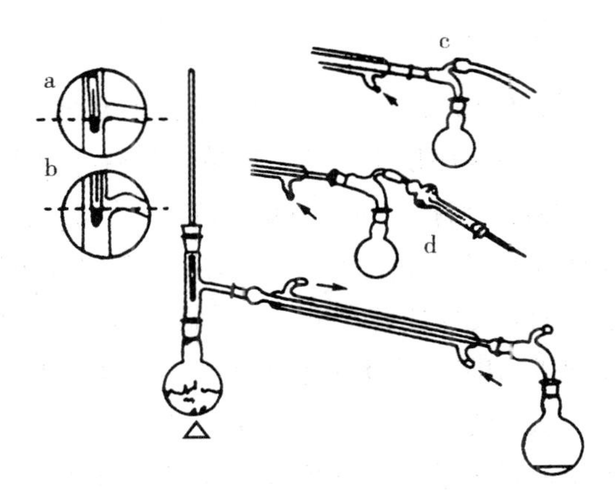


图 2-8　简单蒸馏装置图(用“△”表示热源)

蒸馏瓶容积的大小是根据待蒸液体的量来选择的，通常使待蒸液体的体积不超过蒸馏瓶容积的2/3，也不少于 1/3。如果装得太多，沸腾激烈时液体可能冲出，混入馏出液中，降低分离效率；如果装入的液体太少，在蒸馏结束时，过大的蒸馏瓶中会容纳较多的气雾，相当于有一部分物料不能蒸出而使产品受到损失。

蒸馏头有传统型和改良型两种。传统型蒸馏头的支管直接从主管管体向斜下方伸出，与主管成约 70°的角；改良型蒸馏头的支管则先向斜上方伸出，然后再拐向斜下方，因而在加入液体时可避免液体沿内壁通过支管流入冷凝管。但它们在应用性能上并无差别，因而不需特意选择。

温度计的选择应使其量程高于被蒸馏物的沸点至少 30℃。

冷凝管也是根据被蒸馏物的沸点来选择的，同时适当考虑被蒸馏物的含量。通常低沸点、高含量的液体选用粗而长的冷凝管；但高沸点、低含量的液体则选用细而短的冷凝管。被蒸馏物的沸点在 140℃以上选用空气冷凝管；在 140℃以下则选用直形冷凝管。如果被蒸馏物的沸点很低，也可选用双水内冷冷凝管，但一般不使用蛇形的或球形的冷凝管，如果必须使用，则应将蛇形的或球形的冷凝管竖直安装，而不能像直形冷凝管那样倾斜安装。

接收瓶可选用圆底瓶或锥形瓶，其大小取决于馏出液体的体积。如果蒸馏的目的仅在于除去液体中的少量杂质，或者为了从互溶的二元体系中分离出它的低沸点组分，则至少应准备两个接收瓶；如果是为了从三元体系中分离出沸点较低的两个组分，则至少应准备三个接收瓶，依此类推。接收瓶应洁净、干燥，预先称重并贴上标签，以便在接收液体后计算液体的质量。

### 2.2.3　简单蒸馏的装置安装

在安装简单蒸馏装置时，使用已经选择好的仪器按照热源、蒸馏瓶、蒸馏头、温度计、冷凝管、尾接管、接收瓶的次序依次安装，简单地说就是自下向上、自左向右(或自右向左)地安装。各仪器接头处要对接严密，确保不漏气，同时又要使磨口不受侧向应力。

温度计的安装高度应使其水银球在蒸馏过程中刚好全部浸没于气雾之中。为此，在传统型蒸馏头上安装的温度计的高度应使其水银球的上沿与蒸馏头支管口的下沿在同一水平线上，如图 2-8a 所示；在改良型蒸馏头上安装的温度计的高度应使其水银球的上沿与蒸馏头支管拐点的下沿在同一水平线上，如图 2-8b 所示。

冷凝管(除空气冷凝管外)的安装应使其进水口处于最低位置，出水口处于最高位置，以使其夹套能够全部被水充满。

热源和接收瓶这两端只允许垫高一端，不允许两端同时垫高。

安装好的装置，其竖直部分应垂直于实验台面，全部仪器的中轴线应处在同一平面内，且该平面与实验台的边缘平行，做到既实用，又整齐。如果在同一张实验台上同时安装两台或多台简单蒸馏装置，则各台装置应当“头对头”或“尾对尾”地安装，一般不许首尾相接，以免一台装置的尾气放空处距另一台装置的热源太近而发生危险。

### 2.2.4　简单蒸馏的操作程序

(1)按照前述原则正确地选择仪器和安装装置。

(2)投料和加沸石(或磁子)。装置安装完毕，拔下温度计，在蒸馏头上口处装一长颈三角漏斗，漏斗的尾端应伸至蒸馏头的支管口以下，以免待蒸馏的液体直接流入冷凝管和接收瓶。加料完毕取下漏斗，投入 2～3 粒沸石(也可用磁力搅拌替代沸石产生气化中心，磁子应预先加入蒸馏瓶中并试转灵活后，再依前法安装装置)，重新装好温度计。若液体的量不大，也可事先将液体和沸石直接加到蒸馏瓶中然后依前法安装装置。

(3)蒸馏和接收。手握出水管，小心开启冷却水并调整到合适的进出水速度。打开电源加热。开始时加热速度宜稍快，并注意观察蒸馏瓶上部和蒸馏头内的气雾上升情况，当气雾上升至开始接触温度计的水银球时，调节加热速度，使水银球全部浸在气雾中并有冷凝的液滴顺温度计滴下。此后的加热强度以使尾接管下部每秒钟滴下 1～2 滴液体为宜。如果加热过猛，蒸气过热，温度计读数会偏高，而且也影响分离效果。反之，若加热不足，温度计读数则会偏低。记下尾接管处流出第一滴液体时的温度。通常在温度尚未达到预期的馏出液沸点之前即有少量液体馏出，这一般是溶于液体中的少量挥发性杂质，接得的这部分液体称为“前馏分”。待“前馏分”出完时，温度会趋于稳定，更换接收瓶接收并记下这个稳定的温度，这时接收到的即是较纯净的液体组分，称为“正馏分”。在正馏分基本蒸完，而高沸点的组分尚未大量蒸出时，温度将会有短暂的下降。继续加热，温度将再回升并超过原来恒定的温度，在较高的温度下达到新的气液平衡，这时蒸出的是沸点较高的液体组分。应该注意在温度下降时更换接收瓶接收第二个馏分，并依此法将蒸出的各个组分逐一接收。

(4)装置的拆除。全部蒸馏结束，先切断电源，移去热源，稍冷后待蒸馏瓶口无明显蒸气时关闭冷却水，小心取下接收瓶，然后按照与安装时相反的次序依次拆除各件仪器，并将拆下的仪器清洗干净，以备下次使用。

### 2.2.5 蒸馏中应注意的几个问题

(1)防止暴沸。暴沸是由过热现象造成的，暴沸时未经分离的液体混合物被直接冲入接收瓶中，从而降低了分离效果，严重时还可能冲脱仪器的连接部分，使液体溅出瓶外，造成危险。为了防止暴沸，在加热前必须在液体中加入“沸石”(或磁子)。如果蒸馏中途需要停顿，则在重新加热之前必须加入新的沸石。如果加热前忘了加沸石，液体已经过热而仍未沸腾，则应立即关闭热源，待液体冷至其沸点以下，再加入沸石并重新加热，切不可在过热的液体中直接加入沸石。如果已经发生了暴沸，应立即移开热源，稍冷后将冲入接收瓶中的液体倒回蒸馏瓶中，更换干净仪器，加入沸石后再重新加热蒸馏。

(2)如果采用浴液加热，则浴温一般要超过被蒸馏物的沸点 20~25℃为宜，最高不能高出 30℃。如浴温太低，则蒸馏太慢，甚至蒸不出来；如果过高，则蒸馏过快，分离效果不好，且易造成物料分解、仪器爆裂等事故。

(3)尾接管的支管应保持与大气畅通，否则会造成密闭系统而发生危险。在蒸馏易燃或有毒液体时，应在尾接管的支管上连接橡皮管，将产生的尾气导入尾气吸收装置(图 2-8c)。如果蒸馏系统需避免潮气侵入，则应在支管上加置干燥管，如图 2-8d 所示。

(4)注意控制冷却水的进出量。一般说来，如被蒸馏液的沸点在 120~140℃之间，冷却水应开得很小，只要有冷却水缓缓流过夹套，即足以使管内气雾冷凝下来，如果冷却水开得过大，则由于管内外温差太大而可能造成冷凝管破裂；如被蒸馏液体沸点在 100℃左右，水可开到中速；沸点在 70℃以下时，通冷却水的速度宜快，以利充分冷却；如被蒸馏液沸点甚低，接近室温，则通过冷凝管的水需先用冰水浴冷却，并将接收瓶浸于冰浴中冷却，以避免过多的挥发损失。如果被蒸馏物沸点特别高，气雾在没有上升到蒸馏头的支管之前即冷却成液体流下，因而不能蒸出时可在蒸馏头的支管口以下部分缠上石棉绳，或以石棉布包裹，使液体在“保温”下蒸出。反之，当需要蒸馏大量低沸点液体时，可用竖直安装蛇形或球形冷凝管代替倾斜安装的直形冷凝管。

(5)在蒸馏之前，必须查阅有关书籍、手册。尽可能多地了解被蒸馏物的物理和化学性质，针对不同情况采取相应的处理办法。例如，乙醚、四氢呋喃等，久置可能形成过氧

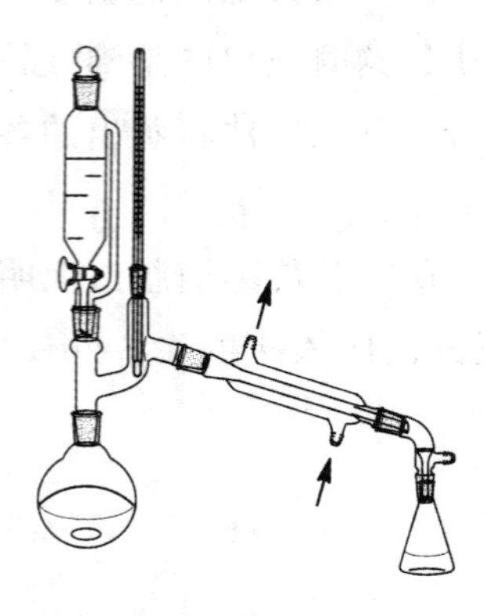
图 2-9 大量稀溶液的浓缩

化物，故在蒸馏之前需先检查并除去，以免使过氧化物在蒸馏过程中浓缩而引起爆炸；多硝基化合物或肼类的溶液在浓缩到一定程度时也会造成爆炸，所以这样的溶液需在具有安全装置的通风橱中蒸馏，操作人员需戴上防护面罩，而且不能蒸干。大多数液体化合物虽然不具有爆炸性，但一般也不允许蒸干，因为温度的升高可能造成被蒸馏物的分解，影响产品纯度，也可能造成其他事故。

(6)若需要蒸馏的液体体积太大，或需要浓缩大量稀溶液，或需要将大量稀溶液蒸去溶剂以取得其中溶解的少量溶质，可采用图 2-9 的装置，一边蒸馏一边慢慢地滴加溶液。这样可避免使用过大的蒸馏瓶，以减少损失。

## 2.3 减压蒸馏

减压蒸馏，亦称真空蒸馏(Vacuum Distillation)，是在降低外界压强的同时也对液体进行加热的蒸馏。减压蒸馏是实验室中常用的基本操作之一。由于在减压条件下液体的沸点降低，故减压蒸馏主要应用于以下情况：

(1)纯化高沸点液体；

(2)分离或纯化在常压沸点温度下易于分解、氧化或发生其他化学变化的液体；

(3)分离纯化低熔点固体。

### 2.3.1 减压蒸馏的基本原理

液体沸腾的唯一条件是液体的蒸气压等于外界施加于液面的压强。外界压强越大，液体沸点越高；外界压强越小，液体沸点越低。用实验方法绘制出的液体沸点与外界压强的关系曲线(图 2-10)清楚地表明了这一规律。

事实上，在约 2 666Pa 的压强下，大多数液体的沸点都比其正常沸点低 100~120℃。在 1 333~3 333Pa 的压强下，大约压强每减小 133Pa，液体的沸点即下降约 1℃，可惜这种关系并不呈严格的线性。虽有经验公式可以计算出某液体在给定压强下的沸点，但也仅为近似值。为了得到这样的近似值，较方便的办法还是用一把直尺在图 2-11 中去寻找。在常压沸点、减压沸点和压强这三个数据中只要知道了两个，即可使直尺的边缘经过代表这两个数据的点，那么直尺的边缘也必然经过代表第三个数据的点。图中仍然沿用了人们已习惯使用的旧的压强单位 mmHg，在使用水银压力计测定压强时，这种旧单位还有许多方

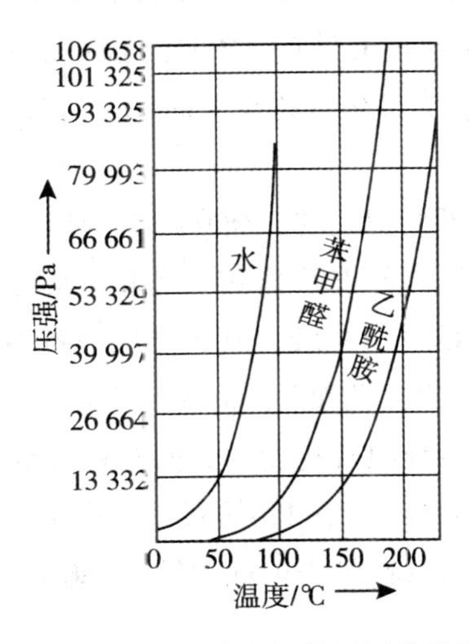


图 2-10 化合物的沸点与外界压强的关系

便之处，必要时也可折算成国际法定单位 Pa(1mmHg=133.322 Pa)。

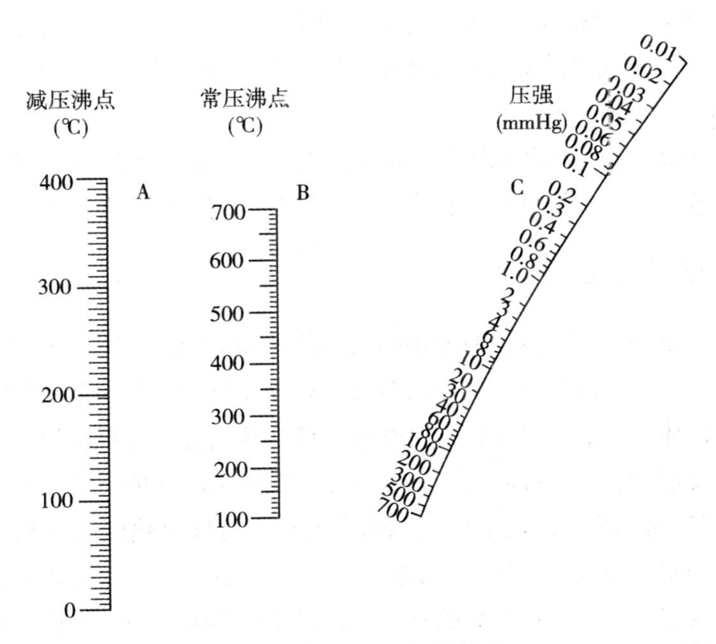


图 2-11 液体常压沸点、减压沸点与压强间的关系(1 mmHg=133.322 Pa)

例如，文献报道某一化合物在 0.3 mmHg(40 Pa)下的沸点为 100℃，而所用油泵只能抽到 1 mmHg，那么该化合物在此压强下的沸点是多少呢？我们先使直尺的边缘经过图

2-11中 A 线上代表 100℃的点和 C 线上代表 0.3 mmHg 的点，直尺边缘与 B 线的交点约为 310℃。然后移动直尺使其边缘经过 B 线的 310℃点和 C 线的 1 mmHg 点，则 CB 延长线与 A 线的交点约为 125℃，此即表明该化合物在 1 mmHg（133.322 Pa）的压强下将在约 125℃沸腾。

绝对的真空在事实上是不可能得到的，通常把任何压强低于常压的气态空间都称为真空。若从某一系统中抽出一些气体并把系统密闭起来，系统内部的压强就低于大气压，因而也就成了“真空系统”。不同的真空系统，其内部压强各不相同，通常以系统内剩余气体的压强来比较各个真空系统的“真空程度”，称为“真空度”。真空度越高，系统内剩余气体的压强就越小。减压蒸馏依系统内真空度的高低有粗真空、中度真空和高真空之分。

粗真空是指真空度为 101 325~1 333 Pa 的真空，通常用水泵取得。水泵的效能与其结构及水温、水压有关，良好的水泵在冬季可抽得约 1 330 Pa 的真空，而在夏季只能抽得约 4 000 Pa 的真空。

中度真空是指 1 333~0.13 Pa 的真空。使用普通油泵可获得 130~13 Pa 的真空，使用高效油泵可获得约 0.13 Pa 的真空。

高真空是指真空度为 0.13~$1.3\times10^{-6}$Pa 的真空。实验室中是使用扩散泵来实现高真空的，其工作原理是借一种液体的蒸发和冷凝，利用安装在泵腔里的泵芯喷嘴喷出的高速蒸汽射流，携带扩散到蒸汽射流里的被抽气体，实现抽真空的目的，而油泵则作为扩散泵的前级泵与之联用。

压强低于 $1.3\times10^{-6}$ Pa 的超高度真空极难获得，因为在此情况下空气分子透过容器器壁而进入真空系统的量已不容忽视。在实验室中经常使用的是粗真空和中度真空。

### 2.3.2 真空度的选择和测量

为获得和测量不同的真空度，所使用的仪器仪表亦不相同。减压蒸馏并不要求使用尽可能高的真空度，这不仅因为高真空对仪器仪表和操作技术的要求都很精密严格，还因为在高真空条件下液体的沸点降得太低，冷凝和收集其蒸气就变得很麻烦。所以凡是较低的真空度可以满足要求时，就不谋求更高的真空度。减压蒸馏所选择的工作条件通常是使液体在 50~100℃间沸腾，再据以确定所需用的真空度。这样对热源无苛刻的要求，蒸气的冷凝也不困难。如果所用真空泵达不到所需真空度，当然也可以让液体在 100℃以上沸腾；如果液体对热很敏感，则应使用更高的真空度，以便使其沸点降得更低一些。从这些原则出发，绝大多数有机液体可以在粗真空或中度真空的条件下，在不太高的温度下被蒸馏出来。事实上，在有机化学实验中需要使用高真空的情况很少。所以以下只介绍粗真空和中度真空的测量和应用。

粗真空和中度真空在传统上都是用水银压力计来测量的，但由于汞蒸气有毒（虽然在常温下蒸气压很低)，近年来机械真空表和电子真空表的应用日趋广泛。最常见的机械真空表为医用真空表(图 2-12)，它简单、轻便、价廉、从指针的偏转角度读数，量程为 0~0. 1Mpa，读得的数据为被泵抽去的压强，用大气压减去读数即得系统内的压强，因而需同大气压力计一同使用。它的主要缺点是刻度过于粗略，精确度不高。

图 2-12 医用真空表

典型的电子真空表是数字式低真空测压仪。这类仪表采用精密差压传感器将压力信号转变成电信号，经低漂移、高精度的集成运算和放大后再转换成数字显示出来。这类仪器具有体积小、重量轻、寿命长、精确度高、可任意选择 mmHg 或 kPa 等压强单位的优点，但价格较昂贵。图 2-13 为 DZCY 型数字式低真空测压仪，使用时先接通电源，此时若仪器显示值不为零，则按下置零按钮使显示值为-0000，然后将传感器的吸气孔(在仪器背面)接入系统，则仪器的显示值即为以 mmHg 或 kPa 为单位的数值。用大气压减去读数即得到系统内的压强。使用该类真空表时应当注意保持仪器周围无气流或强的电磁场干扰，仪表的吸气孔不可吸入水或其他杂物，一经校零之后，在使用过程中不可再轻易调零。

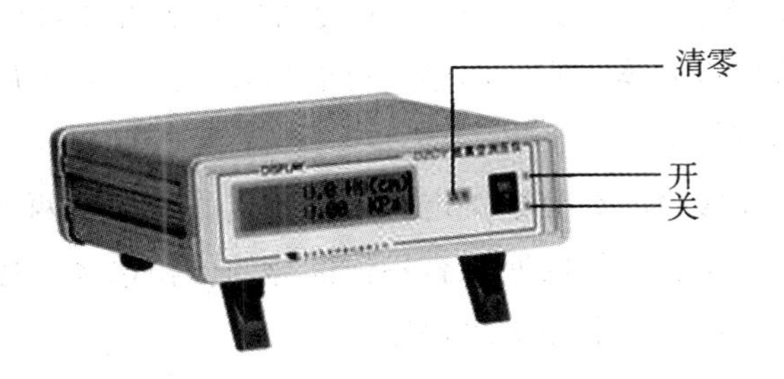


图 2-13 DZCY 型数字式低真空测压仪

### 2.3.3　减压蒸馏装置

减压蒸馏的装置比较复杂，在实际工作中常采用简易的装置。简易的减压蒸馏装置用磁力搅拌代替传统毛细管提供气化中心，防止暴沸。大体可分为水泵减压蒸馏装置和油泵减压蒸馏装置两类。一般在水泵减压下蒸除低沸物后才可改用油泵减压蒸馏。各类减压蒸馏装置又都可分为蒸馏部分、抽气部分以及处于它们之间的保护和测压部分等三个组成部分。对于大量溶剂的蒸发还可采用旋转蒸发仪进行快速浓缩。

**1. 水泵减压蒸馏装置**

水泵减压蒸馏的装置如图 2-14 所示，其蒸馏部分由热源、磁子(或磁芯)、蒸馏瓶、蒸馏头、磨口温度计、冷凝管、双股(或多股)尾接管及若干个接收瓶组成。抽气部分由水泵提供真空。

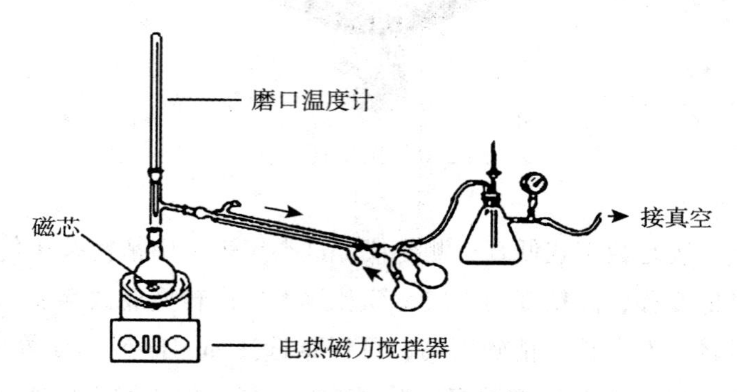


图 2-14　简易的减压蒸馏装置

蒸馏瓶的容积应为被蒸馏液体体积的 2~3 倍。

温度计的量程应高于被蒸馏物的减压沸点 30℃以上。冷凝管是根据被蒸馏液的减压沸点选择的。由于减压蒸馏时一般将馏出温度控制在 50~100℃之间，所以多用直形冷凝管。如果馏出温度在 50℃以下，应选用双水内冷的冷凝管；若在 140℃以上应选用空气冷凝管。如果被蒸馏的是低熔点固体，则馏出温度可能甚高，此时可不用冷凝管而直接将多股尾接管套接在蒸馏头的支管上。

尾接管的股数由需要接收的组分数决定，如需要接收一个、两个或三个组分，应分别选择两股、三股或四股尾接管。接收瓶的容积依馏分的体积选择。接收瓶和蒸馏瓶需选用圆底瓶或梨形瓶，但不可用锥形瓶或尖底烧瓶。

在蒸馏部分与水泵之间应安装安全瓶和压力计。安全瓶一般是配有双孔塞的抽滤瓶，一孔与支管相配组成抽气通路，另一孔安装两通活塞，其活塞以上部分可以拉成毛细管。

安全瓶有三个作用：一是在减压蒸馏的开始阶段通过活塞调节系统内的压强，使之稳定在所需真空度上；二是在实验结束或中途需要暂停时从活塞缓缓放进空气解除真空；三是在遇到水压突降时及时打开活塞以避免水倒吸入接收瓶中，从而保障"安全"地蒸馏。压力计是测压用的，在不需要测压的情况下也可以不装压力计。

水泵减压蒸馏适用于沸点不太高的液体的减压蒸馏，目前实验室用得较多的是循环水真空泵(图 2-15)。循环水真空泵一般采用双抽头，装有两个真空表，可单独或并联使用(可同时由 2 名学生进行实验，缩小实验空间)。其使用方法如下：

(1)准备工作。将循环水多用真空泵平放于工作台上，首次使用时，打开水箱小盖注入清洁的冷水(亦可经由放水软管加水)，水位高度以略低于水箱后面的溢水口高度为宜，重复开机可不再加水。每星期至少更换一次水，如水质污染严重，使用率高，则须缩短更换水的时间，保持水箱中的水质清洁。

(2)抽真空。将需要抽真空的设备的抽气管紧密套接于抽气口上，关闭循环开关，接通电源，泵开始工作。通过与抽气口对应的真空表可观察真空度。

(3)由于循环水真空泵的极限真空度受水的饱和蒸气压限制，当循环水多用真空泵需长时间连续作业时，水箱内的水温将会升高，影响真空度。此时，可将放水软管与自来水接通，溢水口作排水出口，适当控制自来水流量，即可保持水箱内水温不升，使真空度稳定。

(4)当需要为反应装置提供冷却循环水时，将需要冷却的装置进水、出水管分别接到本机后部的循环水出水口、进水口上，转动循环水开关至 ON 位置，即可实现循环冷却水供应。

**2. 旋转蒸发仪**

旋转蒸发仪(图 2-16)是实验室回收溶剂、浓缩溶液常用的快速蒸馏仪器，可在减压情况(由循环水泵提供真空)下进行。操作时由于烧瓶在不断旋转，因此蒸发液不会暴沸，并且液体蒸发的表面积大，蒸发速度快，比一般蒸馏装置的效率高得多。

**3. 油泵减压蒸馏装置**

油泵减压蒸馏装置与水泵减压蒸馏装置类似(图 2-14)，不同的是其抽气部分由油泵提供真空。保护和测压部分则略复杂一些，实验室中常将后两部分合装在一辆手推车上以便灵活推移，称为油泵车(图 2-17)。

油泵减压蒸馏的保护和测压部分除了前述的安全瓶和压力计之外还包括冷阱及四个干燥塔。冷阱通常置于装有冷却剂的广口保温瓶中，其作用在于将沸点甚低、在冷凝管中未能冷凝下来的蒸气进一步冷却液化，以免其进入油泵。安装冷阱时应注意勿将进、出气口接反。所用冷却剂可以是冰水、冰盐、干冰或氯化钙-碎冰，依实验需要选定。干燥塔是为吸收有害于泵油的气雾而设置的，如水汽可以使泵油乳化，有机气体可以溶解于泵油

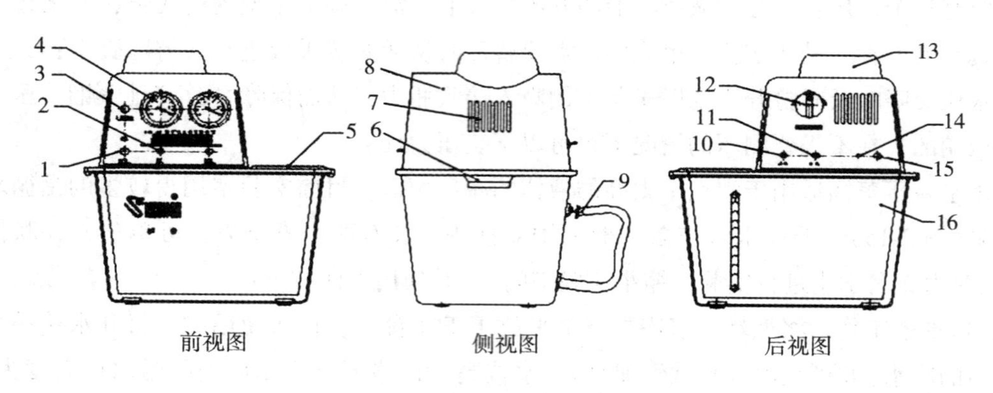


| | | | |
|---|---|---|---|
| 1. 电源开关 | 5. 水箱小盖 | 9. 放水软管 | 13. 电机风罩 |
| 2. 抽气口 | 6. 扣手 | 10. 循环水进水口 | 14. 电源进线 |
| 3. 电源指示灯 | 7. 散热窗 | 11. 循环水出水口 | 15. 保险座 |
| 4. 真空表 | 8. 上帽 | 12. 循环水开关 | 16. 水箱 |

图 2-15　SHB-Ⅲ型循环水多用真空泵外观示意图

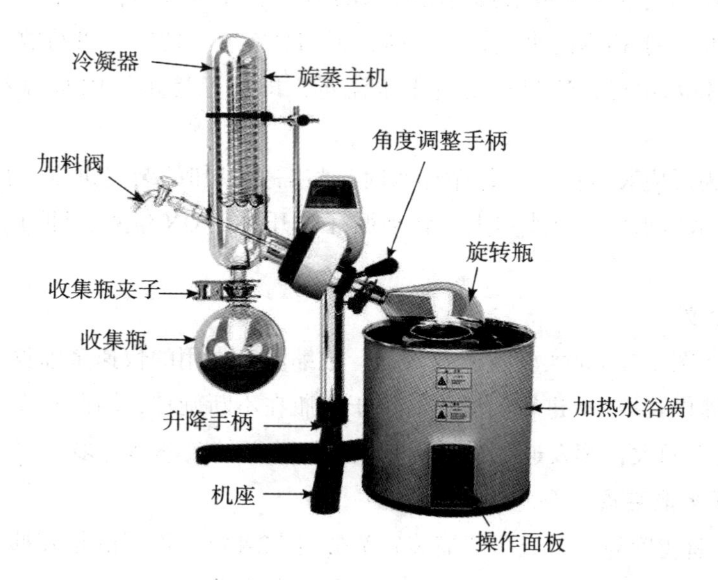


图 2-16　旋转蒸发仪示意图

中，这两者都会增加油的蒸气压，降低油泵所能达到的真空度，而酸雾则会腐蚀泵体机件，破坏气密性，加速磨损等。四个干燥塔中依次装有无水氯化钙(吸收水汽)、粒状氢氧化钠(吸收水汽及酸雾)、变色硅胶(吸收水汽并指示保护系统的干燥程度)和块状石蜡(吸收有机气体)。

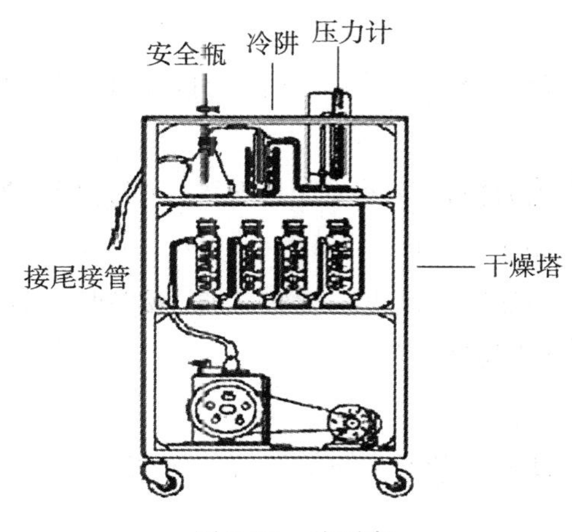


图 2-17　油泵车

## 2.3.4　减压蒸馏的操作程序

不同的减压蒸馏装置，其操作程序大同小异，水泵减压蒸馏的操作较为简单，可参照油泵减压蒸馏的一般性操作程序。

**1. 减压蒸馏开始时的操作程序**

(1)装置的安装。首先按照前述选择原则选定所用仪器，再按照图 2-14 和图 2-17 从热源开始逐件安装。各磨口接头处均应涂上一薄层凡士林或真空油脂并旋转至透明，蒸馏部分的玻璃仪器中轴线应在同一平面内。

(2)检漏密封。打开安全瓶上活塞，接通电源，油泵开始运转后缓缓关闭安全瓶上活塞。抽气数分钟后慢慢打开压力计活塞，观察可否达到预期真空度，如能，表明漏气轻微，不需再作密封；如不能，则说明严重漏气，可用螺丝夹夹紧尾接管与安全瓶间的橡皮管，再观察压力计读数。如可达到所需真空度，说明漏气处在蒸馏部分，应放开螺丝夹，逐个旋动各磨口接头处，观察对压力计读数有无影响，直至找到漏气部位；如夹紧尾接管后的橡皮管仍不能达到所需真空度，则说明漏气处在保护及测压部分，应逐步向后检查，直至找到漏气部位。如有高频探漏器则可直接探出漏气部位。找到漏气处后即可进行密封。凡磨口对接处漏气，大多是夹进了固体微粒或对接不同轴造成的，只要将磨口擦净，重新涂好凡士林，调整对接角度，旋转至透明即可；凡橡皮管(塞)与玻璃连接处漏气，多属口径不合或橡皮老化，应用石蜡熔封或更换橡皮管(塞)。密封操作是在解除真空后进行的，密封后应重新开泵检漏，直至达到或超过所需真空度。

(3)加料。用油泵减压蒸馏时，被蒸液体必须事先用水泵减压蒸馏除去低沸点杂质，故改接油泵后已无须再加料。若必须加料，加料量应不多于蒸馏瓶容积的二分之一，可用三角漏斗自蒸馏瓶口加入。

(4)稳定工作压力。打开安全瓶上活塞，启动油泵，再细心调节安全瓶活塞使压力计读数稳定在所需真空度上。

(5)接通冷却水，开启磁力搅拌，缓缓加热升温。当开始有液体馏出时，调节加热强度，控制馏出速度每秒钟不超过一滴。

(6)当温度计读数达预期的减压沸点时旋转双股(或多股)尾接管，接收馏分。

**2. 减压蒸馏结束时的操作程序**

(1)移走热源、热浴。

(2)待蒸馏瓶冷却后，慢慢打开安全瓶活塞解除真空。

(3)关闭水泵或油泵。

(4)关闭冷却水，取下接收瓶。

(5)自尾接管至蒸馏瓶依次拆除各件仪器，洗净收存。

(6)如冷阱中凝集有低沸点液体，应倒出后重新装好，关闭安全瓶上活塞，将抽气管口堵起来以防水汽进入保护系统。

### 2.3.5　减压蒸馏中应注意的问题

(1)不可使用沸石进行减压蒸馏。

(2)必须在水泵减压下蒸除低沸物后才可改用油泵减压蒸馏。

(3)只有在工作压力稳定的情况下才可加热。压力计的活塞在需要读数时才打开，读完数立即关闭。

(4)如需中途停顿，可按照“减压蒸馏结束时的操作程序”(1)~(3)处理，如停顿时间较久，还需关闭冷却水。重新开始时则按照“减压蒸馏开始时的操作程序”(4)~(6)进行。

## 2.4　水蒸气蒸馏

将难溶或不溶于水的有机物与水一起加热，使有机物随水蒸气一起蒸馏出来并将蒸出的混合蒸气冷凝收集的过程叫水蒸气蒸馏(Steam Distillation)。它是分离纯化液体或固体化合物的常用方法之一，常用于植物或药材中挥发性成分的提取。水蒸气蒸馏适用于以下情况：

(1)沸点较高，在沸点温度下易发生分解或其他化学变化，因而不宜作普通蒸馏的化合物的分离和纯化。

(2)反应混合物中存在大量非挥发性的树脂状杂质或固体杂质，需从中分离出产物时。

(3)从反应混合物中除去挥发性的副产物或未反应完的原料。

(4)用其他分离纯化方法有一定操作困难的化合物的分离和纯化。

用水蒸气蒸馏分离纯化的化合物必须兼备下列条件：

(1)不溶或难溶于水。

(2)与沸水及水蒸气长时间共存不发生任何化学变化。

(3)在100℃左右有较高蒸气压，一般应不低于1.33 kPa(10 mmHg)。若低于此值而高于0.67 kPa(5 mmHg)，应采用过热水蒸气蒸馏(即使水蒸气在进入蒸馏瓶之前先通过一段正被加热的金属管子将其预热到100℃以上)；若蒸气压太低，则不宜用水蒸气蒸馏法分离纯化。

### 2.4.1 水蒸气蒸馏的基本原理

在由完全不相溶的两种液体A和B所组成的混合液体体系中，两种分子都可以逸出液面进入气相，其蒸气压行为符合道尔顿(Dalton)分压定律。该定律的表达式为：

$$P_{总} = P_A + P_B$$

式中，$P_{总}$，$P_A$和$P_B$分别代表总蒸气压、A的蒸气分压和B的蒸气分压，即体系的总蒸气压等于各组分蒸气分压之和。若在同一温度下A独立存在时的蒸气压为$P_A^0$，B独立存在时的蒸气压为$P_B^0$，则有$P_A = P_A^0$，$P_B = P_B^0$。也就是说，在互不相溶的二组分液体体系中，各组分的蒸气分压等于该组分独立存在时在同一温度下的蒸气压。于是可以将道尔顿分压定律的表达式改写为：

$$P_{总} = P_A^0 + P_B^0$$

若对体系加热，随着温度的升高，$P_A^0$及$P_B^0$都会升高，$P_{总}$则会更快地升高。当$P_{总}$升至等于外界压强(通常为101 325Pa)时，液体沸腾，这时$P_A^0$和$P_B^0$都还低于外界压强，所以沸腾时的温度既低于A的正常沸点，也低于B的正常沸点。

设A为沸点较高的有机液体，B为水。混合加热至$P_{总} = 10^5$ Pa(一个大气压)时液体沸腾，此时的温度不但低于A的正常沸点，也低于水的正常沸点(100℃)，这样就可以把沸点较高的A在低于100℃的温度下与水一起蒸出来。图2-18表示有机液体溴苯与水的这种关系。若将蒸出的混合蒸气冷凝收集，即为水蒸气蒸馏。

由气态方程可知：

$$PV = nRT$$

式中，$n$为气态物质的摩尔数，它等于气态物质的质量$W$除以该物质的摩尔量$M$，即$n = W/M$代入气态方程并整理可得$PVM = WRT$。在水蒸气蒸馏过程中有机物A的蒸气和水蒸气具有相同的温度$T$(混合体系的沸腾温度)，并占有相同的体积$V$(皆为水蒸气蒸馏装置

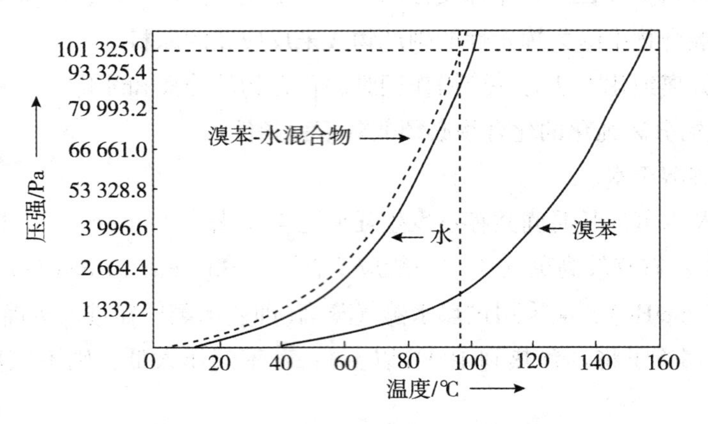


图 2-18　溴苯、水及溴苯-水混合物的蒸气压与温度关系曲线

的内部空间)，所以：

$$P_{A}VM_{A}=W_{A}RT \quad ①$$

$$P_{水}VM_{水}=W_{水}RT \quad ②$$

②÷①得

$$\frac{P_{水}M_{水}}{P_{A}M_{A}}=\frac{W_{水}}{W_{A}} 即 W_{水}=\frac{P_{水}M_{水}W_{A}}{P_{A}M_{A}}$$

由此式可以计算出需要多少水才可将一定量的有机物质蒸出来。

**【例】**某混合物中含有溴苯 10 g，对其进行水蒸气蒸馏时发现出料温度为 95. 5℃，试计算至少需要多少水才能将溴苯完全蒸出。

**【解】**查表可知 95. 5℃时，水的蒸气压 $P_{水}$ = 86 126Pa，故溴苯的蒸气压 $P_{A}$ = 101 325−86 126 = 15 199Pa。代入前面的公式，

$$W_{水}=\frac{P_{水}M_{水}W_{A}}{P_{A}M_{A}}=\frac{86\ 126\times18\times10}{15\ 199\times157.02}=6.5(\mathrm{g})$$

由以上计算可知，在理论上只需 6. 5 g 水即可将 10 g 溴苯完全蒸出。当然实际上需要的水总多于理论值，这主要是因为在实际操作中是将水蒸气通入有机物中，水蒸气在尚未来得及与有机蒸气充分平衡的情况下即被蒸出。

以上所讨论的是当有机化合物 A 为液体时的情况。如果 A 为固体，只要它不溶于水且在 100℃左右可与水长期共存而不发生化学变化，则同样可进行水蒸气蒸馏，计算方法亦相同。但若被蒸馏的液体或固体在 100℃左右的蒸气压太低，就需要蒸出太多的水，在能源消耗和所需时间等方面是得不偿失的。所以，只有那些在 100℃左右具有较高蒸气压的化合物才适合于用水蒸气蒸馏的方法进行纯化。

### 2.4.2 水蒸气蒸馏的装置

水蒸气蒸馏有多种装置，但都是由水蒸气发生器和蒸馏装置两部分组成，这两部分通过T形管相连接。图2-19为目前实验室中最常用的一种水蒸气蒸馏装置。

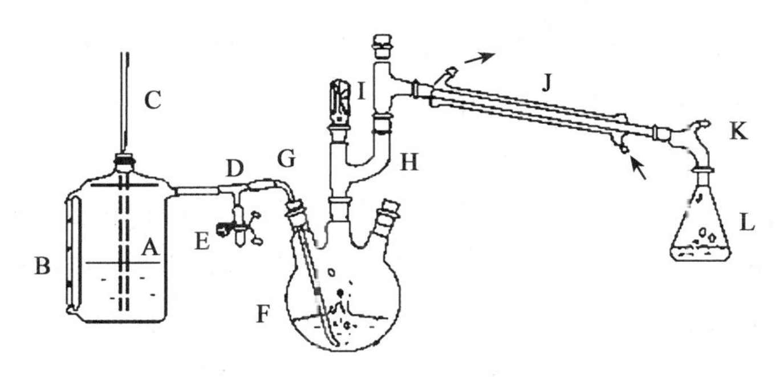


A. 水蒸气发生器　B. 液面计　C. 安全管　D. T形管
E. 弹簧夹　F. 蒸馏瓶　G. 导气管　H. Y形管
I. 蒸馏头　J. 直形冷凝管　K. 尾接管　L. 接收瓶

图2-19　水蒸气蒸馏装置

**1. 水蒸气发生器**

A为水蒸气发生器。通常是用铜皮或薄铁板制成的圆筒状釜，釜顶开口，侧面装有一根竖直的玻璃管，玻璃管两端与釜体相连通，通过玻璃管可以观察釜内的水面高低，称为液面计。另一侧面有蒸气的出气管。釜顶开口中插入一支竖直的玻璃管C，C的下端插至接近釜底，称为安全管。根据安全管内水面的升降情况，可以判断蒸馏装置是否堵塞。

实验室内若无水蒸气发生器，也可用三口烧瓶代替，其安装如图2-20所示。

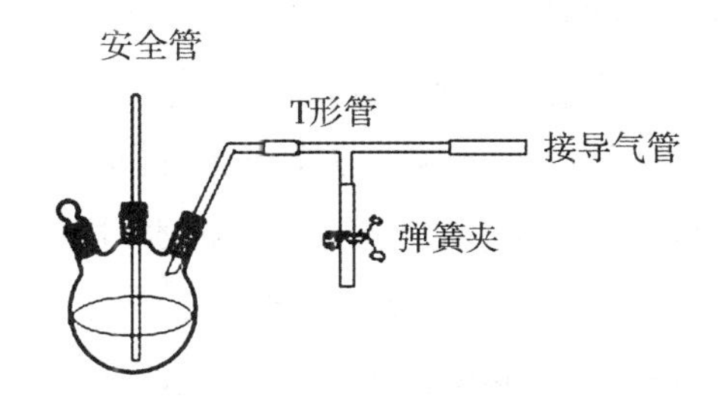


图2-20　三口烧瓶水蒸气发生器

**2. T形管**

T形管是直角三通管，在一直线上的两管口分别与水蒸气发生器和蒸馏装置连接，第三口向下安装。在安装时应注意使靠近蒸馏瓶的一端稍稍向上倾斜，而靠近水蒸气发生器的一端则稍稍向下倾斜，以便蒸气在导气管中受冷而凝成的水能流回水蒸气发生器中而不是流入蒸馏瓶中，这样可以避免蒸馏瓶中积水过多。此外应注意使蒸气的通路尽可能短一些，即导气管及连接的橡皮管尽可能短一些，以免蒸气在进入蒸馏瓶之前过多地冷凝。T形管向下的一端套有一段橡皮管，橡皮管上配以弹簧夹。打开弹簧夹即可放出在导气管中冷凝下来的积水。在蒸馏结束或需要中途停顿时打开弹簧夹可使系统内外压力平衡，以避免蒸馏瓶内的液体倒吸入水蒸气发生器中。

**3. 蒸馏装置**

蒸馏装置由蒸馏瓶、Y形管、蒸馏头、直形冷凝管、尾接管和接收瓶组成。由于许多反应是在三口瓶中进行的，直接用该三口瓶作为水蒸气蒸馏的蒸馏瓶就可避免转移的麻烦和产物的损失。Y形管的作用在于防止蒸馏瓶中的液体因跳溅而冲入冷凝管。由于水蒸气蒸馏时混合蒸气的温度大多在90~100℃之间，所以冷凝管总是用直形的。接收瓶可以为锥形瓶或圆底瓶、平底烧瓶等。导入蒸气的导气管应插至蒸馏瓶接近瓶底处，当蒸馏瓶中积液过多时可适当加热蒸出一部分水。

### 2.4.3　水蒸气蒸馏的操作要点和注意事项

水蒸气蒸馏的操作程序为：①在选定的蒸馏瓶中装入待蒸馏物，装入量不得超过其容积的1/3。在水蒸气发生器中注入约3/4容积的清水。②按照前述装置图自下向上、从左到右依次装配各件仪器，各仪器的中轴线应在同一平面内。③打开T形管下弹簧夹，选择合适的热源加热水蒸气发生器或烧瓶中的水。④当T形管开口处有水蒸气冲出时，开启冷却水，夹上弹簧夹，水蒸气蒸馏即开始。⑤当蒸至馏出液澄清透明后再多蒸出10~20 mL水，即可结束蒸馏。结束蒸馏时应先打开弹簧夹，再移开热源。稍冷后关闭冷却水，取下接收瓶，然后按照与安装时相反的次序依次拆除各种仪器。⑥如果被蒸出的是所需要的产物，如为固体者可用抽滤回收，是液体者可用分液漏斗分离回收。

水蒸气蒸馏中应该注意的问题有：①要注意液面计和安全管中的水位变化。若水蒸气发生器中的水蒸发将尽，应暂停蒸馏，取下安全管，加水后重新开始蒸馏；若安全管中水位迅速上升，说明蒸馏装置的某一部位发生了堵塞，亦应暂停蒸馏，待疏通后重新开始。②需暂停蒸馏时应先打开弹簧夹，再移开热源。重新开始时应先加热水蒸气发生器至水沸腾，当T形管开口处有水蒸气冲出时再夹上弹簧夹。③要控制好加热强度和冷却水流速使蒸气在冷凝管中完全冷凝下来。当被蒸馏物为熔点较高的化合物时，常会在冷凝管中析出固体。这时应调小(甚至暂时关闭)冷却水，使蒸气将固体熔化流入接收瓶中。④若蒸馏瓶中积水过多，可用电热套加热蒸出一些。

### 2.4.4 直接水蒸气蒸馏

如果被蒸馏物沸点较低(因而在100℃左右有较高蒸气压)，黏度不大，且不是细微的粉末，故只需少量水蒸气即可蒸出时，可采用直接水蒸气蒸馏法。直接水蒸气蒸馏的装置与简单蒸馏相同(图2-8)，只是需选用容积较大的蒸馏瓶。加入被蒸馏物后再充入约相当于瓶容积1/2的水，加入沸石或磁子，安好装置即可加热蒸馏。如果需要，也可采用图2-9的装置进行，以便在必要时补充水。

直接水蒸气蒸馏装置及操作均较简单，但若被蒸馏物是细碎粉末时不宜用此法，因为在蒸馏过程中会产生大量泡沫，或者被蒸馏物的粉末会被直接冲入冷凝管中。

## 2.5 分　馏

当液体混合物的沸点十分接近，无法用简单蒸馏分离开来时，可考虑用分馏的办法。分馏就是利用分馏柱将多次气化-冷凝过程在一次操作中完成，从而使液体混合物中沸点相近的各组分分离开来的操作。因此，分馏实际上是多次蒸馏，是分离沸点相近的液体混合物的主要手段，特别是当需要分离的混合物量较大时往往用其他方法不能代替，因而在实验室和工业生产中都有广泛的应用。

### 2.5.1 分馏的基本原理

对于沸点相近且不形成共沸物的混溶体系，一次简单蒸馏虽然能够在馏出液中富集低沸点组分，但一般不能获得纯净的低沸点组分。如果对收得的馏分再进行第二次、第三次、第四次以至多次的简单蒸馏，馏出液中的低沸点组分必将进一步富集，直至可以获得纯净的低沸点组分。但多次蒸馏操作步骤冗长，费时，浪费极大，无实用价值。在这种情况下可用分馏(图2-22)来进行分离。

分馏与简单蒸馏的根本区别在于混合蒸气在其升腾的途中是否受阻。在简单蒸馏中，由混合液体蒸发出来的蒸气仅仅经历很短的途程，即毫无阻碍地进入冷凝管；而在分馏中上升的混合蒸气须经过分馏柱后才被冷凝液化。液化下来的液体也不是全部被流出收集，而是只收集一部分，另一部分则重新自柱顶滴落回柱内。分馏柱是一支具有特定内部结构或在其内部装有某种填料的竖直安装的圆柱。当混合蒸气经过分馏柱时会多次受到固体(柱的内部结构或填料)和液体(向下滴落的液滴以及填料表面的液膜)的阻挡。每受到阻挡时即发生局部的液化。由于高沸点液体的蒸气较易于液化，所以在局部液化而形成的液滴中就含有较多的高沸点组分，而未能液化下来的、继续保持上升的蒸气中则含有相对丰富的低沸点组分。这些蒸气在上升途中又会遇到从上面滴下的液滴，并把部分热量传给液滴，自身又经历一次局部液化。同时，接受了部分热量的液滴则会发生局部气化，形成的蒸气中低沸点组分的含量又比未气化的那一部分液滴中的丰富。这样，在整个分馏过程中，上升的蒸气不断地与下降的液滴发生局部的热量传递和物质交换，每一次交换，都使蒸气中的低沸点组分得到进一步的富集。当它升至柱顶时已经经历了很多次的气化—液化—气化的过程，即相当于经历了许多次的简单蒸馏，从而能获得好得多的分离效果。在同一过程中下落的液滴也在经历着能量传递和物质交换，只是每次交换都使其中的高沸点组分得到富集。最后，这些液滴陆续落回到柱底的蒸发器(蒸馏瓶)中，并再度被蒸发出来，蒸发器中的高沸点组分就越来越浓。

因此，分馏时混合液沸腾后蒸气先进入分馏柱中被部分冷凝，冷凝液在下降途中与继续上升的蒸气接触，二者进行热交换，蒸气中高沸点组分被冷凝，低沸点组分仍呈蒸气上升，而冷凝液中低沸点组分受热气化，高沸点组分仍呈液态下降。结果是上升的蒸气中低沸点组分增多，下降的冷凝液中高沸点组分增多。如此经过多次热交换，就相当于连续多次的简单蒸馏。以致低沸点组分的蒸气不断上升，而被蒸馏出来；高沸点组分则不断流回蒸馏瓶中，从而将它们分离。

分馏的必要条件是柱内气相和液相要充分接触，以利于物质的交换和能量的传递，因此分馏柱的高度、直径、内部结构、填料的性质和形状以及柱的操作条件都会影响分馏柱的分馏效果。分馏柱的操作条件及衡量柱效的主要因素有：

(1)理论塔板数(Number of Theoretical Plats)。这是衡量分馏效果的主要指标，分馏柱的理论塔板数越多，分离效果越好。所谓一个理论塔板数，简单地说，就是相当于一次简单蒸馏的分离效果。如果一个分馏柱的分馏能力为 10 个理论塔板数，那么通过这个分馏柱分馏一次所取得的结果，就相当于通过 10 次简单蒸馏的结果。实验室用的分馏柱的理论塔板数一般在 2~100 的范围内。

(2)理论板层高度(Height Equivalent to a Theoretical Plate，HETP)。它表示一个理论塔板在分馏柱中的有效高度。HETP 的数值越小，说明分馏柱的分离效率越高。

(3)回流比(Reflux Ratio)。在分馏中，并不是让升至柱顶的蒸气全部冷凝流出，因为过多地取走富含低沸点组分的蒸气，必然会减少柱内下滴液体的量，从而破坏了柱内的气-液平衡，这时将会有更多的高沸点组分进入柱身，在较高的温度下建立新的平衡，从而降低了柱的分离效率。为了维持柱内的平衡，通常是将升入柱顶的蒸气冷凝后使其一部分流出接收，而使其余部分流回柱内。在单位时间内，流回柱内的液量与馏出液量之比称为回流比。在柱内蒸气量一定的条件下，回流比越大，分馏效率越高，但所得到的馏出液越少，完成分馏所消耗的能量就越多。因此，选定适当的回流比是很重要的，通常选用的回流比为理论塔板数的$\frac{1}{5}$~$\frac{1}{10}$。

(4)蒸发速率(Through Put)。单位时间内到达分馏柱顶的液量叫蒸发速率，通常以mL/min 表示。

(5)压力降差(Pressure Drop)。分馏柱两端的蒸气压强之差称压力降差。它表示柱的阻力大小。压力降差与柱的大小、填料种类及蒸发速率等有关，其数值越小越好。

(6)滞留液(Hold Up)。滞留液也称操作含量或柱藏量，是指分馏时停留在柱内不能被蒸出的液体的量。滞留液的量越小越好，一般不超过任一被分离组分体积的10%。

(7)液泛(Flooding)。当蒸发速度增大至某一程度时，上升的蒸气将回流的液体向上顶起的现象称液泛。液泛破坏了气-液平衡，使分馏效率大大降低。

以上这些因素是密切联系、互相制约的，因此，提高分馏效率就要综合考虑上述诸因素，合理选择条件。如果某些条件(如柱的尺寸和填料的种类)已经给定而无法选择，则最重要的是防止液泛、选定合适而稳定的回流比和蒸发速率。因为只有这些条件稳定，才可使柱内形成稳定的温度梯度、浓度梯度和压力梯度。即在理想状况下柱底温度接近于高沸点组分的沸点，高沸点组分在柱底气雾中占绝对优势，同时混合气雾的压强亦较大；自柱底至柱顶，温度、压强和高沸点组分的比例都逐步降低，而低沸点组分在气雾中所占比例逐步增大；在柱顶部低沸点组分占绝对优势，高沸点组分趋近于零，温度接近于低沸点组分的沸点，压强降至最低。

## 2.5.2 简单分馏装置

图2-21是实验室中常用的几种简单分馏柱，其中a称为韦氏分馏柱(Vigreux Column)，它是一支带有数组向心刺的玻璃管，每组有三根刺，各组间呈螺旋状排列。优点是不需要填料，分馏过程中液体极少在柱内滞留，易装易洗，缺点是分离效率不高。图中b是装有填料的分馏柱，直径1.5~3.5 cm，管长根据需要而定。图中的c是b的一种改良，它由克氏蒸馏管附加一支指形冷凝管组成。调节指形冷凝管的位置和水流速度可以粗略地控制回流比，提高分离效率，但一定要控制加热速度，防止液泛。b，c两种分馏柱的填料可以是玻璃珠、6mm×6mm的玻璃管、玻璃环及金属丝绕成的小螺旋圈等。选择哪一种填料，视分馏的要求而定。

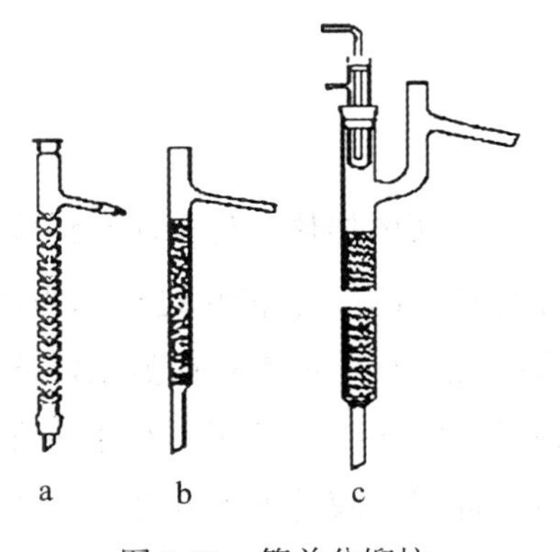

图2-21 简单分馏柱

### 2.5.3　简单分馏操作

简单分馏操作和简单蒸馏大致相同。将待分馏的混合物放入圆底烧瓶中，加入沸石或磁子，装上分馏柱，蒸馏头，插上温度计。蒸馏头的支管和冷凝管相连(图 2-22)，必要时可用石棉绳包绕分馏柱保温。温度计的安装高度应使其水银球的上沿与蒸馏头支管口下沿在同一水平线上。

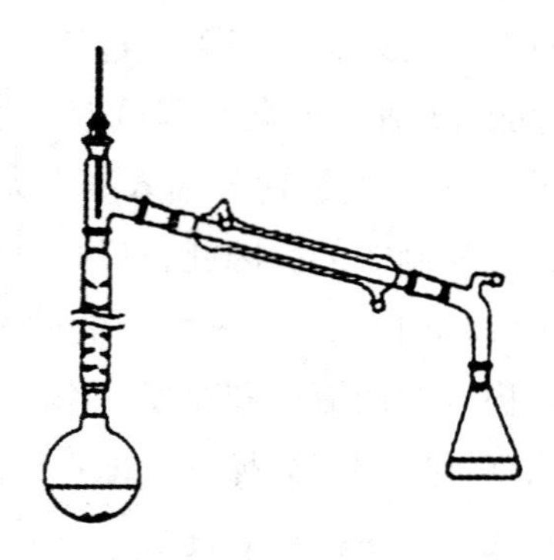

图 2-22　简单分馏装置

选用合适的热源加热，液体沸腾后要注意调节温度，使蒸气慢慢升入分馏柱，约 10 min 后蒸气到达柱顶。开始有液体馏出时，调节温度使蒸出液体的速度控制在 2~3s 一滴，这样可以得到比较好的分馏效果。观察柱顶温度的变化，收集不同的馏分。

## 2.6　回　　流

将液体加热气化，同时将蒸气冷凝液化并使之流回原来的器皿中重新受热气化，这样循环往复的气化-液化过程称为回流。回流是有机化学实验中最基本的操作之一，大多数有机化学反应都是在回流条件下完成的。回流液本身可以是反应物，也可以为溶剂。当回流液为溶剂时，其作用在于将非均相反应变为均相反应，或为反应提供必要而恒定的温度，即回流液的沸点温度。此外，回流也应用于某些分离纯化实验中，如重结晶的溶样过程、连续萃取、分馏及某些干燥过程等。

### 2.6.1　回流的基本装置

回流的基本装置如图 2-23a 所示，由热源、烧瓶和回流冷凝管组成。烧瓶可为圆底瓶、平底瓶、锥形瓶、梨形瓶或尖底瓶。烧瓶的大小应使装入的回流液体积不超过其容积的3/4，也不少于1/4。冷凝管可依据回流液的沸点由高到低分别选择空气、直形、球形冷凝管等。各种冷凝管所适用的温度范围尚无严格的规定，但由于在回流过程中蒸气的升腾方向与冷凝水的流向相同(即不符合“逆流”原则)，所以冷却效果不如蒸馏时的冷却效果。为了能将蒸气完全冷凝下来，就需要提供较大的内外温差，所以空气冷凝管一般应用于160℃以上；直形冷凝管应用于100~160℃；球形冷凝管应用于50~150℃。由于球形冷凝管适用的温度范围最宽广，所以通常把球形冷凝管称为回流冷凝管。除了冷凝管的种类外，冷凝管的长度、水温、水速也都是决定冷凝效果的重要因素，所以应根据具体情况灵活选择。

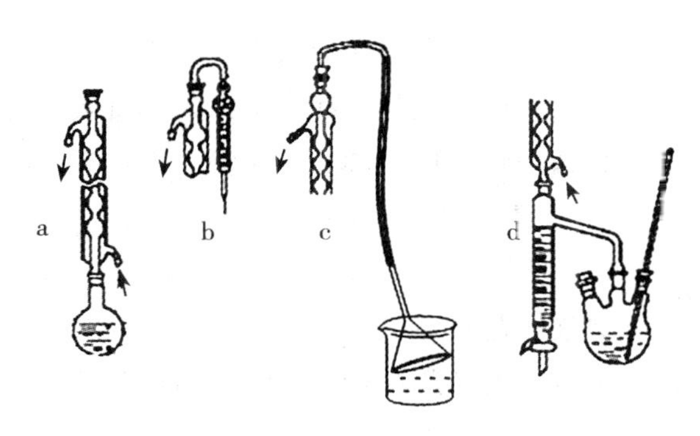


图2-23　回流装置

常见的球形冷凝管有4~9个球泡，其中以五球和六球冷凝管最为常用。使用时应使蒸气气雾(即所谓“回流圈”)的高度不超过两个球泡为宜。在使用其他类型的冷凝管时，应控制蒸气气雾的上升高度不超过冷凝管有效冷凝长度的1/3。

单纯的回流装置应用范围不大。大多数情况下还带有其他附加装置或与其他装置组合使用。如果在回流的同时还需要测定反应混合物的温度，或需要向反应混合物中滴加物料，则应使用二口或三口烧瓶，将温度计或滴液漏斗安装在侧口上。

如果需要防止空气中的水汽进入反应系统，则可在冷凝管的上口处安装干燥管，如图2-23b所示。干燥管的另一端用带毛细管的塞子塞住，既可保障反应系统与大气相通，又可减少空气与干燥剂的接触。磨口的干燥管一般带有弯管，可直接装在冷凝管口；非磨口的干燥管是笔直的，应自己制作弯管安装，使干燥管位于冷凝管的侧面，而不应直接竖直地安装在冷凝管上口，以免干燥剂的细碎颗粒可能透过阻隔的脱脂棉漏入烧瓶中，干扰反应进程。

如果反应中生成水溶性的有害气体，需要导出并用水吸收，可在冷凝管口加装气体吸收装置，如图2-23c所示。

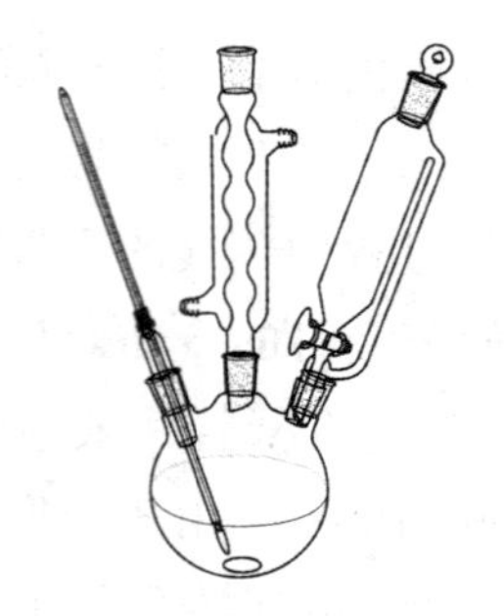

图 2-24 较复杂的回流装置

如果反应中有水生成并需要不断地将生成的水移出反应区，则可在烧瓶与冷凝管之间加置油水分离器，如图 2-23d 所示。

如果回流的同时还需要搅拌，若用磁力搅拌，则不需要改变回流装置；如果回流、搅拌、滴液、测温需同时进行，可使用三口瓶，如图2-24所示。若用机械搅拌，则搅拌棒需安装在三口烧瓶的中口上，冷凝管只能倾斜地安装在侧口上。

### 2.6.2 回流操作

回流装置应自下向上依次安装，各磨口对接时应同轴连接、严密、不漏气、不受侧向作用力。如果确需涂凡士林或真空脂，应尽量涂少、涂匀并旋转至透明均一。安装完毕后可用三角漏斗从冷凝管的上口或三口瓶侧口加入回流液。固体反应物应事前加入瓶中，如装置较复杂，也可在安装完毕后卸下侧口上的仪器，投料后加入几粒沸石重新将仪器装好。开启冷却水(冷却水应自下向上流动)，即可开始加热。液体沸腾后调节加热速度，控制气雾上升高度，使回流圈高度不超过冷凝管有效冷凝长度的 1/3。回流结束，先移去热源，待冷凝管中不再有冷凝液滴下时关闭冷却水，稍冷后拆除装置。

当回流与搅拌联用时不加沸石。如无特别说明，一般应先开启搅拌，待搅拌转动平稳后再开启冷却水，最后加热。在结束时应先撤去热源，停止搅拌，待不再有冷凝液滴下时关闭冷却水。

## 2.7 重 结 晶

重结晶是纯化晶态物质的最常用的方法之一，它适用于那些溶解度随温度上升而明显增大的化合物，且产品中杂质含量小于 5%的体系(杂质太多可能影响结晶速度，甚至妨碍结晶的生成)。所以从反应粗产物直接重结晶是不适宜的，必须先采用其他方法进行初步提纯，例如萃取、过滤、洗涤、蒸馏等，然后再用重结晶提纯。

用适当的溶剂把含有杂质的晶体物质溶解，配制成接近沸腾的浓热溶液，趁热滤去不溶性杂质，使滤液冷却析出结晶，滤集晶体并做干燥处理的联合操作过程称为重结晶(Recrystallization )。如果一次重结晶达不到纯化目的，还可以进行第二次重结晶，有时甚至要进行多次重结晶才能得到纯净的化合物。

### 2.7.1 重结晶的基本原理

重结晶是利用不同物质在同一溶剂中的溶解度差异，对含有杂质的固体化合物进行纯化的方法。

绝大多数固体物质的溶解度随温度的升高而增大。在较低温度下达到饱和的溶液升高温度时就不再饱和，需再加入一定量的溶质才能达到新的饱和。反之，在较高温度下达到饱和的溶液，当降低温度时，溶质会部分析出。如果析出时的温度高于溶质的熔点，则析出物呈油状。这些油状物在进一步降低温度时会固化而形成无定形固体，且往往包夹着较多的溶剂和杂质。如果析出时的温度低于溶质的熔点，则会直接析出固体。析出固体有两种形式：若固体析出较慢，首先析出的数目较少的固体微粒形成"晶种"，它们在过饱和的溶液中有选择地吸收合适的分子或离子并将其安排到晶格的适当位置上去，从而使自己一层层地"长大"，最后得到的晶体具有较大的粒度和较高的纯度，这样的过程称为结晶。如果固体析出甚快，在很短时间内形成数目巨大的固体微粒，这些微粒来不及选择分子和定位排列，也长不大，这样的过程称为沉淀。沉淀出来的固体物质纯度较低，且由于粒度小，总表面积大，吸附的溶剂较多。而溶剂中又往往溶解有其他杂质，当溶剂挥发后，其中的杂质也就留在沉淀表面。显然，溶质以油状或以沉淀状析出都将是不纯的，只有以结晶形式析出才较纯净。

固体样品中所含杂质包括不溶性的机械杂质和可溶性的杂质两类。将这样的样品溶于合适的热溶剂，制成饱和的热溶液。溶剂的用量以恰能完全溶解其中的纯样品为限，这时杂质可能全溶而饱和或不饱和，也可能不全溶。将该溶液趁热过滤，则其中的纯样品及溶解了的那一部分杂质会进入滤液，而未溶解的那一部分杂质(如果有)将留在滤纸上。若固体中所含杂质为树脂状，在趁热过滤时会堵塞滤纸孔，增加过滤的困难，滤下的也会干扰晶体的生长，所以必须在热过滤之前加入适当的吸附剂将其吸附除去。将所得到的热滤液缓缓冷至室温，在此过程中样品将不断地析出来，而杂质则从其达到饱和的时候起开始析出，直到冷却至室温为止。如果温度已冷至室温，而杂质仍未饱和，则不会析出。将已冷至室温的滤液过滤，可收集到精制的固体样品。而杂质则无论是在趁热过滤时留在滤纸上的或是冷至室温时仍留在母液中的都不会混入精制的样品中去，只有在冷却过程中析出的(如果有)才会混入精制品中去。

重结晶纯化固体物质的基本原理就是选择合适的溶剂，利用溶剂对被提纯物质及杂质的溶解度不同，让杂质全部或大部分留在溶液中或在热过滤时被滤除从而达到分离纯化的目的。因此，重结晶溶剂的选择是十分关键的。理想的溶剂应具备下列条件：

(1)不与被提纯物质发生化学反应。如脂肪族卤代烃类不宜用作碱性化合物重结晶的溶剂，醇类化合物不宜用作酯类化合物重结晶的溶剂等。

(2)对被提纯物质在高温时溶解度大，低温时溶解度小。

(3)对杂质溶解度很大，使杂质留在母液中，不随晶体一同析出；或对杂质溶解度极小，难溶于热溶剂中，使杂质在热过滤时除去。

(4)溶剂沸点不宜太高；应较易挥发、易与晶体分离。

(5)结晶的回收率高，能形成较好的晶体。

(6)价廉易得。

在几种溶剂都适宜时，还应根据溶剂毒性大小，操作的安全，回收的难易等来选择。但在实际工作中，完全符合条件的理想溶剂是很不容易选到的，只要其中的主要条件符合要求也就可以了。

一般来说，对杂质溶解度大，而对被提纯物在高温下溶解度大，在低温下溶解度小的溶剂是比较理想的。在杂质含量很小的情况下，无论被提纯物与杂质谁的溶解度大，都可以得到较好结果；若杂质含量过大，要么得不到纯品，要么因多次结晶损失过大而得不偿失。

### 2.7.2　重结晶常用溶剂

如果被提纯固体是已知化合物，往往可从相关文献中查找到可能适宜的溶剂。如果被提纯固体是未知化合物，则可根据“相似相溶”的经验规律找出可能适宜的溶剂。因为溶质往往易溶于与其结构相似的溶剂中。一般极性物质易溶于极性溶剂中，而难溶于非极性溶剂中；反之亦然。

对于溶剂极性的判断，可根据介电常数做一个初步的判断，对实验工作有一定的指导作用。极性溶剂一般是含有羟基或羰基等极性基团的溶剂，此类溶剂极性强、介电常数一般较大，如水、乙醇、丙酮等。而非极性溶剂的介电常数往往较低，如烃、甲苯等。无论是从文献中查找到的或推导出来的结果都只能作为选择溶剂的参考，溶剂的最后选择只能靠实验方法来确定(参见“重结晶的操作步骤”中“选择溶剂”)。表 2-1 列出了一些常用的重结晶溶剂，可供参考。

表 2-1　**重结晶常用的单一溶剂**

| 名称 | 沸点(℃) | 密度(g/mL) | 水溶性 | 介电常数 |
| --- | --- | --- | --- | --- |
| 石油醚 | 30~60 | 0.64 | 不溶 | 1.9 |
| 环己烷 | 81 | 0.78 | 不溶 | 1.9 |
| 1，4-二氧六环 | 101 | 1.03 | 溶 | 2.2 |
| 四氯化碳 | 77 | 1.59 | 不溶 | 2.2 |

续表

| 名称 | 沸点(℃) | 密度(g/mL) | 水溶性 | 介电常数 |
| --- | --- | --- | --- | --- |
| 甲苯 | 111 | 0.87 | 不溶 | 2.4 |
| 乙醚 | 35 | 0.71 | 微溶 | 4.3 |
| 氯仿 | 61 | 1.49 | 不溶 | 4.8 |
| 乙酸乙酯 | 77 | 0.89 | 微溶 | 6.0 |
| 醋酸 | 118 | 1.05 | 溶 | 6.2 |
| 四氢呋喃 | 66 | 0.89 | 溶 | 7.6 |
| 二氯甲烷 | 40 | 1.33 | 微溶 | 9.1 |
| 1，2-二氯乙烷 | 84 | 1.26 | 微溶 | 10.4 |
| 乙腈 | 82 | 0.79 | 溶 | 37.5 |
| 丙酮 | 56 | 0.79 | 溶 | 20.7 |
| 乙醇 | 78 | 0.79 | 溶 | 24.5 |
| 甲醇 | 65 | 0.79 | 溶 | 32.7 |
| 水 | 100 | 1 | 溶 | 80.1 |

如经反复试验，实在选不到一种合适的单一溶剂，可以考虑使用混合溶剂。混合溶剂通常由两种互溶的溶剂组成，常用的混合溶剂列于表 2-2。单一溶剂使用后较易回收，所以只要单一溶剂可以满足基本要求就不要谋求使用混合溶剂。

表 2-2　**重结晶常用的混合溶剂**

| 水-乙醇 | 水-丙酮 | 乙醇-丙酮 | 石油醚-乙酸乙酯 |
| --- | --- | --- | --- |
| 水-甲醇 | 水-二氧六环 | 乙醇-氯仿 | 石油醚-丙酮 |
| 水-醋酸 | 乙醇-乙醚 | 乙醇-石油醚 | 石油醚-乙醚 |

### 2.7.3 重结晶的操作步骤

重结晶的操作一般包括以下 8 个步骤：选择溶剂→溶样→脱色→热过滤→冷却结晶→滤集晶体→晶体的干燥→熔点测定。

**1. 选择溶剂**

选择溶剂的试验方法包括单一溶剂的选择和混合溶剂的选择：

1)单一溶剂的选择

取0.1 g样品置于干净的小试管中，用滴管逐滴滴加某一溶剂，并不断振摇，当加入溶剂的量达1 mL时，可在水浴上加热，观察溶解情况，若该物质(0.1 g)在1 mL冷的或温热的溶剂中很快全部溶解，说明溶解度太大，此溶剂不适用。如果该物质不溶于1 mL沸腾的溶剂中，则可逐步添加溶剂，每次约0.5 mL，加热至沸，若加溶剂量达4 mL，而样品仍然不能全部溶解，说明溶剂对该物质的溶解度太小，必须寻找其他溶剂。若该物质能溶于1~4 mL沸腾的溶剂中，冷却后观察结晶析出情况，若没有结晶析出，可用玻璃棒擦刮管壁或者辅以冰盐浴冷却，促使结晶析出。若晶体仍然不能析出，则此溶剂也不适用。若有结晶析出，还要注意结晶析出量的多少，并要测定熔点，以确定结晶的纯度。最后综合几种溶剂的实验数据，确定一种比较适宜的溶剂。这只是一般的方法，实际情况往往复杂得多，选择一个合适的溶剂需要进行多次反复的实验。

2)混合溶剂的选择

如实在选不到合适的单一溶剂，可以考虑使用混合溶剂。混合溶剂通常由两种互溶的溶剂组成(例如水和乙醇)，其中一种对被提纯物溶解度很大，称为良溶剂；而另一种对被提纯物难溶或几乎不溶，称为不良溶剂。使用时可以将良溶剂与不良溶剂按一定比例混配后像单一溶剂那样使用，也可以随机试溶。

(1)固定配比法。将良溶剂与不良溶剂按各种不同的比例相混合，分别像单一溶剂那样试验，直至选到一种最佳的配比。

(2)随机配比法。先将样品溶于沸腾的良溶剂中，趁热过滤除去不溶性杂质，然后逐滴滴入热的不良溶剂并摇振之，直至浑浊不再消失为止。再滴加少许良溶剂并加热使之溶解变清，放置冷却使结晶析出。如冷却后析出油状物，则需调整比例再进行实验或另换别的混合溶剂。

**2. 溶样**

溶样亦称热溶或配制热溶液。溶样的装置因所用溶剂不同而不同。

用有机溶剂进行重结晶时，使用回流装置(图2-23a)。将样品置于圆底烧瓶或锥形瓶中并加入磁子，加入比需要量略少的溶剂，开启冷凝水，开始加热和搅拌，并观察样品溶解情况。沸腾后用滴管自冷凝管顶端分次补加溶剂，直至样品全溶。此时若溶液澄清透明，无不溶性杂质，即可撤去热源，室温放置，使晶体析出；若有不溶性杂质，则补加适量溶剂，继续加热至沸后，进行第4步热过滤操作；若溶液中含有有色杂质或树脂状物质，则需补加适量溶剂，并进行第3步脱色操作。

在以水为溶剂进行重结晶时，可以用烧杯溶样，其他操作同前，只是需估计并补加因蒸发而损失的水。如果所用溶剂是水与有机溶剂的混合溶剂，则按照有机溶剂处理。

在溶样过程中应注意以下问题：

(1)选择合适的热源。

(2)若溶剂的沸点高于样品的熔点，则一般不可加热至沸，而应使样品在其熔点温度以下溶解，否则在第5步冷却结晶操作中也会析出油状物。当以水为溶剂时，虽然样品的熔点高于100℃，有时也会在溶样过程中出现油状物，这是由于样品与杂质形成了低共熔物，只需继续加水即可溶解，而且也不会在第5步中出现油状物，所以对油状物应根据具体情况具体处理。

(3)溶剂的用量应适当。如不需要热过滤，则溶剂的用量以恰能溶解为宜。如需要热过滤，则应使溶剂适当过量。过量的目的在于避免在热过滤过程中因溶液冷却、溶剂挥发、滤纸吸附等因素造成晶体在滤纸上或漏斗颈中析出。过量多少也应根据具体情况而定。如果样品在该溶剂中很易析出，则应过量多一些，如果样品在该溶剂中析出甚慢，则只需稍微过量即可。当不知道晶体是否易于析出时，则一般过量20%左右。

(4)在实际操作中究竟是样品尚未溶完，还是其中含有不溶性杂质往往难以判断。遇到难以判断的情况时可先将热溶液过滤，再收集滤渣加溶剂热溶，然后再次热过滤。将两份滤液分别放置冷却，观察后一份滤液中是否有晶体析出。如有，则说明原来溶样时溶剂用量不足或需要更长时间才能溶完；如不析出结晶，则说明样品中含有较多不溶性杂质。

**3. 脱色**

向溶液中加入吸附剂并适当煮沸，使其吸附掉样品中的杂质的过程叫脱色。最常使用的脱色剂是活性炭，其用量视杂质多少而定，一般为粗样品重量的1%～5%。如果一次脱色不彻底，可再进行第二次脱色，但不宜过多使用，以免样品过多损耗。

脱色剂应在样品溶液稍冷后加入。不允许将脱色剂加到正在沸腾的溶液中去，否则将会引起暴沸甚至造成起火燃烧。

脱色剂加入后可煮沸数分钟，如果是在烧杯中用水作溶剂时可用玻璃棒搅拌，以使脱色剂迅速分散开。煮沸时间过长往往脱色效果反而不好，因为在脱色剂表面存在着溶质、溶剂和杂质的吸附竞争，溶剂虽然在竞争中处于不利地位，但其数量巨大，过久的煮沸会使较多的溶剂分子被吸附，从而使脱色剂对杂质的吸附能力下降。

**4. 热过滤**

热过滤即趁热过滤以除去不溶性杂质、脱色剂及吸附于脱色剂上的其他杂质。热过滤的方法有两种，即常压过滤和减压过滤。

1)常压过滤

常压过滤也称重力过滤，采用短颈(或无颈)三角漏斗以避免或减少晶体在漏斗颈中析出，同时采用折叠滤纸(亦称伞形滤纸)以加快过滤速度。

滤纸的折法如图2-25所示。取一张大小合适的圆形滤纸对折成半圆形(图2-25a)，再对折成90°的扇形(图2-25b)，继续向内对折(图2-25c)把半圆分成8等份(图2-25d)，最后在8个等份的各小格中间向相反方向对折，即得16等份的折扇形排列(图2-25e)。将其打开，外形如图 2-25f，再在 1 和 2 两处各向内对折一次，展开后如图 2-25g 所示，即为折叠滤纸。在使用之前应将折好的滤纸小心翻转，使折叠过程中被手指触摸弄脏的一面向内，以免其污染滤液。

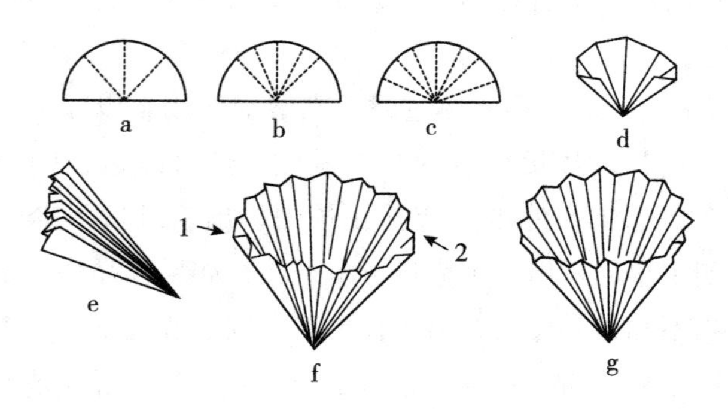


图 2-25　折叠滤纸的方法

热过滤的关键是要保证溶液在较高温度下通过滤纸。为此，在过滤前应把漏斗放在烘箱中预热，待过滤时才取出放在铁圈或盛装滤液的锥形瓶口上，迅速放入伞形滤纸，伞形滤纸的上沿应低于滤斗口，并使其棱边紧贴漏斗壁，以少许热溶剂润湿滤纸，倒入热溶液后应迅速盖上表面皿，以减少溶剂挥发。如果热溶液较多，一次不能完全倒入漏斗，则剩余的部分应继续加热保温。过滤时若操作合适，在滤纸上仅有少量结晶析出。若漏斗未预热或虽已预热，但操作过慢，则往往有较多结晶在滤纸上析出，这时必须仔细地将滤纸和结晶一起放回原来的瓶中，加入适量的溶剂重新溶样，再进行热过滤。对于极易析出晶体的溶液，或当需要过滤的液量较多时最好使用保温漏斗过滤。

保温漏斗如图 2-26 所示。其中 a 最为常见，它是一个用铜皮制作的双层漏斗。使用时在夹层中注入约 3/4 容积的水，安放在铁圈上，将玻璃三角漏斗连同伞形滤纸放入其中，在支管端部加热，至水沸腾后过滤。在热滤的过程中漏斗和滤纸始终保持在约 100℃。图 2-26b 的外层是一个锥状的金属盘管，漏斗置于其中，管内通入水蒸气加热。

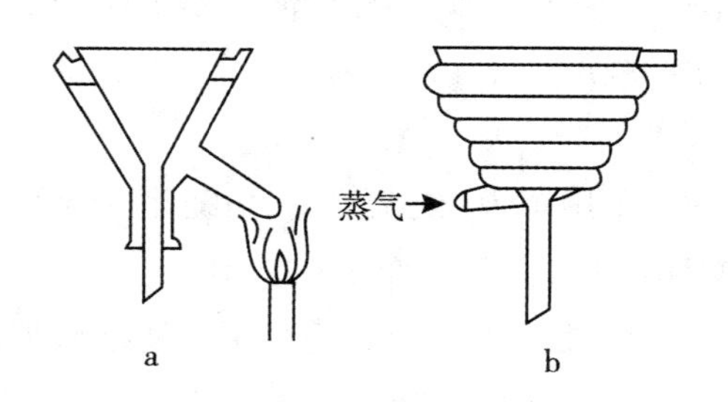


图 2-26　保温漏斗

2)减压过滤

减压过滤也称抽滤、吸滤或真空过滤，其装置由布氏漏斗、抽滤瓶、安全瓶及水泵组成，如图 2-27 所示。减压过滤的最大优点是过滤速度快，结晶一般不易在漏斗中析出，操作亦较简便。其缺点是滤下的热滤液在减压条件下易沸腾，可能从抽气管中抽走，使结晶在滤瓶中析出；如果操作不当，活性炭或悬浮的不溶性杂质微粒也可能从滤纸边缘通过而进入滤液。

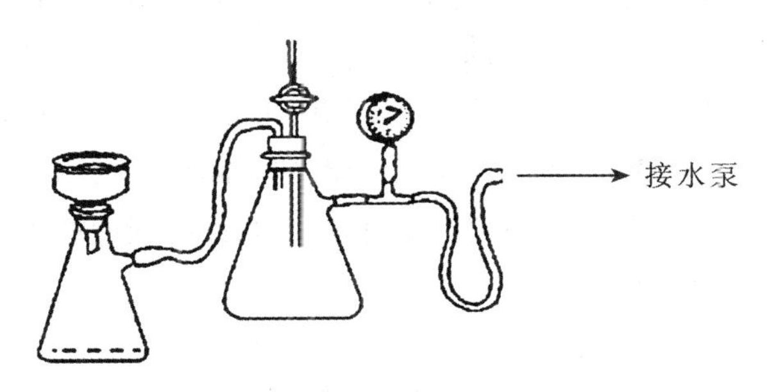


图 2-27　减压过滤装置

减压过滤所用滤纸应略小于布氏漏斗的底面，但以能完全遮盖滤孔为宜。布氏漏斗在使用之前应在烘箱中预热(预热时应将橡胶塞取下)，如果以水为溶剂，也可将布氏漏斗置于沸水中预热。为了防止活性炭等固体从滤纸边缘吸入抽滤瓶中，在溶液倾入漏斗前必须使滤纸在漏斗底面上贴紧。当溶剂为水或其他极性溶剂时，只要以同种溶剂将滤纸润湿，适当抽气，即可使滤纸贴紧，但在使用非极性溶剂时滤纸往往不易贴紧。在这种情况下可先加入少量乙醇(有时也可用水)将滤纸润湿，抽气贴紧后再用溶样的溶剂洗去滤纸上的乙醇，然后倒入溶液抽滤。在抽滤过程中应保持漏斗中有较多的溶液，只有当全部溶液倒完后才可抽干，否则吸附有树脂状杂质的活性炭会在滤纸上结成紧密的饼块阻碍液体透过滤纸。同时压力亦不可抽得过低，以防溶剂沸腾被抽走，或将滤纸抽破使活性炭透滤。如果由于操作不当使活性炭透滤进入滤液，则最后得到的晶体会呈灰色，这时需要重新溶样，重新进行热过滤。

**5. 冷却结晶**

将热滤液冷却，溶解度减小，溶质即可部分析出。此步的关键是控制冷却速度，使溶质真正成为晶体析出并长到适当大小，而不是以油状物或沉淀的形式析出。

一般来说，若将滤液迅速冷却并剧烈搅拌，则所析出的晶体很细，总表面积大，因而表面上吸附或黏附的母液总量也较多。若将滤液静置并缓缓降温，得到的晶体较大，但也不是越大越好，因为过大的晶体中包夹母液的可能性也大。通常控制冷却速度使晶体在数十分钟至十数小时内析出，而不是在数分钟或数周内析出，析出的晶粒大小在 1.5mm 左右为宜。

对于人数众多的学生实验，由于时间的限制，可采取将热的滤液室温静置冷却，待有晶体析出且滤液温度基本降至室温时，再用冰水冷却十几分钟，以使结晶完全。

杂质的存在会影响化合物晶核的形成和结晶的生长。所以有时溶液虽已达到过饱和状态，仍不析出结晶，这时可用玻璃棒摩擦器壁或投入晶种(即同种溶质的晶体)，帮助形成晶核。若没有晶种，也可用玻璃棒蘸一点溶液，让溶剂挥发得到少量结晶，再将该玻璃棒伸入溶液中搅拌，该晶体即作为晶种，使结晶析出。在冰箱中放置较长时间，也可使结晶析出。有时从溶液中析出的不是结晶而是油状物。这种油状物长期静置或足够冷却也可以固化，但含有较多的杂质，产品纯度不高。处理的方法是：①增加溶剂，使溶液适当稀释，但这样会使结晶收率降低。②慢慢冷却，及时加入晶种。③将析出油状物的溶液加热重新溶解，然后让其慢慢冷却，当刚刚有油状物析出时便剧烈搅拌，使油状物在均匀分散状况下固化。④改换其他溶剂。

**6. 滤集晶体**

要把结晶从母液中分离出来，一般采用布氏漏斗或砂芯漏斗进行抽滤。抽滤前，用少量溶剂润湿滤纸、吸紧，将容器内的晶体连同母液倒入布氏漏斗中，用少量的滤液洗出黏附在容器壁上的结晶。用不锈钢铲或玻璃塞把结晶压紧，使母液尽量抽尽，然后打开安全瓶上的活塞(或拔掉抽滤瓶上的橡皮管)，关闭水泵。

为了除去晶体表面的母液，可用少量的新鲜溶剂洗涤。洗涤时应首先打开安全瓶上活塞，解除真空，再加入洗涤溶剂，用药匙或玻璃棒将晶体小心地挑松(注意不要将滤纸弄破或松动)，使全部晶体浸润(溶剂的用量以恰好盖过固体的上表面为宜)，然后再抽干。一般洗涤 1~2 次即可。如果所用溶剂沸点较高，挥发性太小，不易干燥，则可选用合适的低沸点溶剂将原来的溶剂洗去，以利干燥。

将抽滤后的溶液适当浓缩后冷却，还可再得到一部分晶体，但纯度较低，一般不可与先前所得的晶体合并，必须做进一步的纯化处理后才可作为纯品使用。

**7. 晶体的干燥**

抽滤收集的产品必须充分干燥，以除去吸附在晶体表面的少量溶剂。应根据所用溶剂及晶体的性质来选择干燥的方法。不吸潮的产品，可放在表面皿上，盖上一层滤纸在室温放置数天，让溶剂自然挥发(即空气晾干)，也可用红外灯烘干。对那些数量较大或易吸潮、易分解的产品，可放在真空干燥箱中干燥。易吸潮的样品应储存在干燥器中。

**8. 熔点测定**

将干燥好的晶体准确测定熔点，以决定是否需要再做进一步的重结晶。

以上是重结晶的完整的一般性操作步骤，一次具体的重结晶实验究竟需要多少步，可根据实际情况决定。如果已经指定了溶剂，则选择溶剂一步可省去。如果制成的热溶液没有颜色，也没有树脂状杂质，则脱色一步可省去。如果同时又无不溶性杂质，则热过滤一步也可省去。如果有其他方法判定一次重结晶可以达到要求的纯度，则熔点测定亦可省去。

## 2.8 薄层层析

薄层层析(Thin Layer Chromatography)按其作用机理可分为吸附薄层层析、分配薄层层析等，其中应用最广泛的是吸附薄层层析，常用TLC代表。以下介绍吸附薄层层析的相关问题，其他类型薄层层析可参照处理。

吸附薄层层析是将吸附剂(有时加入添加剂或黏合剂)均匀地铺在一块薄板上(玻璃板、塑料或铝板上)，形成薄层，把欲分离的样品点在薄层上，然后用适宜的溶剂展开，使混合物得以分离的方法。

薄层层析具有微量、快速、操作简便等优点，通常可分离的量在0.5 g以下，最低可达$10^{-9}$ g。薄层层析不适合于较大量的样品的分离，多应用于化合物的鉴定和其他分离手段的效果检测。

### 2.8.1 薄层层析的基本原理和用途

薄层层析主要是利用吸附剂对样品中各组分吸附能力的不同，及展开剂对各组分的溶解能力的差异，使各组分被分离。被分离的样品制成溶液用毛细管点在薄板靠近一端处，作为流动相的溶剂(称为展开剂)则靠毛细作用从点有样品的一端向另一端运动并带着样品中的各组分一起移动，各组分既被吸附剂不断地吸附，又被流动相不断地溶解——解吸。由于吸附剂对各组分的吸附能力不同，在吸附竞争中那些极性较小的、受吸力较弱的分子易被其他分子从吸附剂表面“顶替”下来而进入流动相，进入流动相的分子随流动相一起移动，并在前进途中经历新的吸附和解吸溶解竞争。在溶解竞争中，溶解度大的分子易进入流动相；反之，溶解度小的、极性较强的分子则易被吸附，较难进入流动相。这样经过反复多次的吸附和溶解竞争后，受吸附力较弱而溶解度较大的组分将行进较长的路程；反之，吸附较强或溶解度较小的组分则行程较短，从而使各组分间拉开距离，形成互相分离的斑点。

薄层层析作为检测手段的理论依据是同种分子在极性、溶解度、分子大小和形状等方面完全相同，因而在薄层层析中随展开剂爬升的高度亦应相同，即每种化合物都有自己特定的比移值($R_f$)，比移值是在薄层层析中化合物样点移动的距离与展开剂前沿移动距离的比值。不同种分子总会有一些细微的差别，因而其爬升高度不会完全相同。如果将用其他分离手段所得的某一个组分在薄层板上点样、展开后仍为一个点，则说明该组分为同一种分子，即原来的分离方法达到了预期效果；如果展开后变成了几个斑点，则说明该组分中仍有数种分子，即原分离手段未达到预期效果。

在实验室中，薄层层析主要用于以下几种目的：

(1)作为柱层析的先导。一般来说，使用某种固定相和流动相可以在柱中分离开的混合物，使用同种固定相和流动相也可以在薄层板上分离开。所以常利用薄层层析为柱层析选择吸附剂和淋洗剂。

(2)监控反应进程。在反应过程中定时取样，将原料和反应混合物分别点在同一块薄层板上，展开后观察样点的相对浓度变化。若只有原料点，则说明反应没有进行；若原料点很快变淡，产物点很快变浓，则说明反应在迅速进行；若原料点基本消失，产物点变得很浓，则说明反应基本完成。

(3)检测其他分离纯化过程。在柱层析、结晶、萃取等分离纯化过程中，将分离出来的组分或纯化所得的产物溶样点板，展开后如果只有一个点，则说明已经完全分离开了或已经纯化好了；若展开后仍有两个或多个斑点，则说明分离纯化尚未达到预期的效果。

(4)确定混合物中的组分数目。一般来说，混合物溶液点样展开后出现几个斑点，就说明混合物中有几个组分。

(5)确定两个或多个样品是否为同一物质。将各样品点在同一块薄层板上，展开后若各样点爬升的高度相同，则大体上可以认定为同一物质，若上升高度不同，则肯定不是同一物质。

(6)根据薄层板上各组分斑点的相对浓度可粗略地判断各组分的相对含量。

(7)迅速分离出少量纯净样品。为了尽快从反应混合物中分离出少量纯净样品做分析测试，可扩大薄层板的面积，加大薄层的厚度，并将混合物样液点成一条线，一次可分离出数十毫克到五百毫克的样品。

### 2.8.2　薄层层析的仪器和药品

**1. 薄板**

薄层层析所用的薄板是将一薄层吸附剂均匀涂在基板上制成的。所用的基板通常为玻璃板和铝板。对于铝基薄板，可用剪刀剪裁成所需规格，实验中喷硫酸加热显色，板面不发黑，可直接粘贴于记录本上永久保存，使用起来很方便。

对于一般的分析鉴定可选用 7.5 cm×2.5 cm 的玻璃薄板或剪裁成合适大小的铝基薄板。若要分离少量纯样品，可选用大的玻璃薄板(20 cm×15 cm)，或将普通玻璃板裁成合适的大小，将棱角用砂纸稍加打磨，洗净干燥后自己铺板来满足特殊使用。

**2. 展开槽**

展开槽也叫层析缸，规格形式不一。图 2-28 绘出了其中常用的两种，图中的 a 为卧式展开槽，b 为立式展开槽。

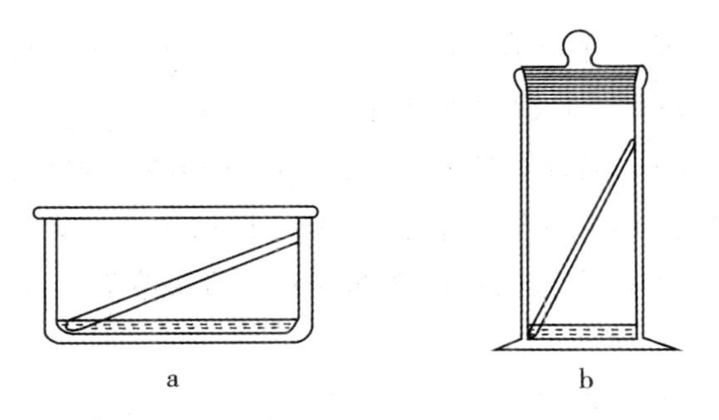


图 2-28 薄层板在不同的层析缸中展开

**3. 吸附剂**

薄层层析中所用吸附剂最常见的有硅胶和氧化铝两类。其中不加任何添加剂的以 H 表示，如硅胶 H、氧化铝 H；加有煅石膏$\left(CaSO_4 \cdot \frac{1}{2}H_2O\right)$为黏合剂的用 G 表示(Gypsum)，如硅胶 G、氧化铝 G；加有荧光素的用 F 表示(Fluorescein)，如硅胶 $HF_{254}$，意思是其中所加荧光素可在波长 254 nm 的紫外光下激发荧光；同时加有煅石膏和荧光素的用 GF 表示，如硅胶 $GF_{254}$、氧化铝 $GF_{254}$。如在制板时以羧甲基纤维素钠的溶液调和，则用 CMC 表示(Carboxymethyl Cellulose)，如硅胶 CMC。添加黏合剂是为了加强薄层板的机械强度，其中以添加 CMC 者机械强度最高；添加荧光素是为了显色的方便。习惯上把加有黏合剂的薄层板称为硬板，不加黏合剂的薄层板称为软板。

供薄层层析用的吸附剂粒度较小，通常为 200 目，标签上有专门说明，如 silica gel H for thin layer chromatography，使用时应予注意，不可用柱层析吸附剂代替，也不可混用。

薄层层析用的硅胶没有酸碱性之分，可适用于各类有机物的分离。氧化铝有酸性、中性、碱性之分。酸性氧化铝是用 1%盐酸浸泡后，用蒸馏水洗到其浸出液的 pH 值为 4，适用于分离酸性物质；碱性氧化铝浸出液的 pH 值为 9~10，用以分离胺类、生物碱及其他有机碱性化合物。中性氧化铝的相应 pH 值为 7.5，适合于醛、酮、醌、酯等类化合物的分离以及对酸、碱敏感的其他类型化合物的分离。

**4. 展开剂**

在薄层层析中用作流动相的溶剂称为展开剂，它相当于柱层析中的淋洗剂，其选择原则是由被分离物质的极性决定的。被分离物极性小，选用极性较小的展开剂；被分离物极性大，选用极性较大的展开剂。环己烷和石油醚是最常使用的非极性展开剂，适合于非极性或弱极性试样；乙酸乙酯、丙酮或甲醇适合于分离极性较强的试样，氯仿和苯是中等极性的展开剂，可用作多官能团化合物的分离和鉴定。若单一展开剂不能很好分离，也可采用不同比例的混合溶剂展开。

选择展开剂的一条快捷的途径是在同一块薄层板上点上被分离样品的几个样点，各样点间至少相距 1 cm，再用滴管分别汲取不同的溶剂，各自点在一个样点上，溶剂将从样点向外扩展，形成一些同心的圆环。若样点基本上不随溶剂移动(图 2-29(a))，或一直随溶剂移动到前沿(图 2-29(d))，则这样的溶剂不适用。若样点随溶剂移动适当距离，形成较宽的环带(图 2-29(b))，或形成几个不同的环带(图 2-29(c))，则该溶剂一般可作为展开剂使用。

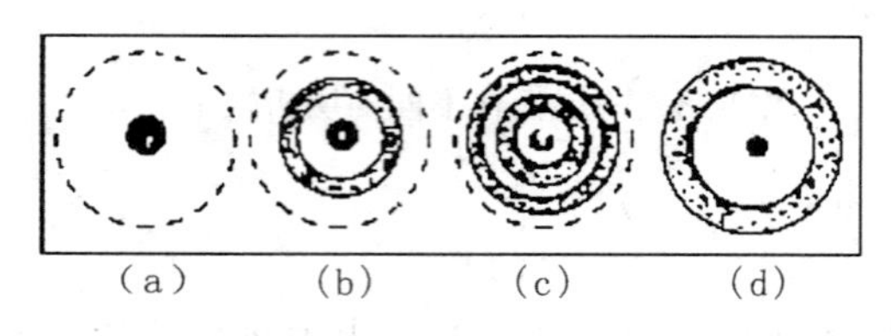


图 2-29 选择展开剂

## 2.8.3 薄层层析的操作

**1. 制板**

目前一般分析、鉴定、监控用的薄板可以很方便买到，而且价格便宜，特殊情况下才考虑自己制板。自己制板可选用玻璃板来制板，有“干法”和“湿法”两种。由于干燥的吸附剂在玻璃板上附着力差，容易脱落，不便操作，所以很少采用，此处只介绍以水为溶剂的湿法铺板。

首先将待铺的玻璃板平放在水平台面上，将吸附剂置于干净研钵内，按照每克硅胶 G 2~3 mL 蒸馏水(或 3~4 mL 羧甲基纤维素钠溶液)，或每克氧化铝 1~2 mL 蒸馏水的比例加入溶剂，立即研磨成糊状。用牛角匙舀取糊状物倒在玻片上迅速摊布均匀，再手托玻璃板微微倾斜，并轻轻敲击玻璃板背面，使之流动，形成平整均匀的薄层。然后再平放在台面上，使其固化定型并晾干。固化的过程是吸附剂内的煅石膏吸收水形成新固体的过程，反应式为：

$$CaSO_4 \cdot \frac{1}{2}H_2O + \frac{3}{2}H_2O \longrightarrow CaSO_4 \cdot 2H_2O$$

所以研磨糊状物和涂铺薄层板都需尽可能地迅速。若动作稍慢，糊状物即会结成团块状无法涂铺或不能涂铺均匀，即使再加水也不能再调成均匀的糊状。通常研磨糊状物需在 1

min 左右完成，铺完全部载玻片也只需数分钟，最多在十数分钟内完成。每次铺板都需临时研磨糊状物，铺得的薄层要厚薄均一，没有纹路，没有团块凸起。纹路或团块的产生原因是糊状物调得不均匀，或铺制太慢，或在局部固化的板子上又加入新的糊状物。所以为获得均匀的薄层，应动作迅速，一次研匀，一次倾倒，一次铺成。

以蒸馏水作溶剂制得的薄层板具有较好的机械性能，如欲获得机械性能更好的薄层板，可用 0.5%的羧甲基纤维素钠水溶液来调制糊状物。将 0.5 g 羧甲基纤维素钠加在 100 mL 蒸馏水中，煮沸使其充分溶解，然后用砂芯漏斗过滤。用所得滤液如前述方法调糊铺板，这样的薄层板具有足够的机械性能，可以用铅笔在上面写字或作其他记号，但需注意在活化时严格控制烘焙温度，以免温度过高引起纤维素碳化而使薄层变黑。

**2. 活化**

将晾干后的薄板移入烘箱内"活化"。所谓"活化"就是指用加热的方法除去吸附剂所含的水分，提高其吸附活性的过程。吸附剂的活性是其含水量的一种标度。当吸附剂含水时，其部分表面被水分子覆盖而失活，只有一部分表面起吸附作用，整体的吸附能力就会下降，因此，含水量越大，活性级别就越低。氧化铝和硅胶的活性各分五个等级。哪个活性级别分离效果最好，要用实验方法确定，而不是盲目选择高的活性级别，最常使用的是Ⅱ~Ⅲ级。如果吸附剂活性太低，分离效果不好，可通过"活化"来提高其活性。有的样品在活性高的吸附剂中分离效果不好，可将吸附剂放在空气中让其吸收一些水分降低活性级别，分离效果反而好一些。

"活化"通常是将薄板装在瓷盘里放进烘箱中恒温加热。"活化"的温度和时间应根据吸附剂的种类和分离需要而定。硅胶薄板在 105~110℃烘焙 0.5~1h 即可；氧化铝薄板在 200~220℃烘焙 4h，其活性约为Ⅱ级，若在 150~160℃烘焙 4h，活性相当于Ⅲ~Ⅳ级。活化后的薄层板就在烘箱内自然冷却至接近室温，取出后立即放入干燥器内备用。

**3. 点样**

固体样品通常溶解在合适的溶剂中配成 1%~5%的溶液，用内径小于 1mm 的平口毛细管吸取样品溶液点样。点样前可用铅笔在距薄层板一端约 1 cm 处轻轻地画一条水平横线作为"起始线"。然后将样品溶液小心地点在"起始线"上。样品斑点的直径一般不应超过 2mm。如果样品溶液太稀需要重复点样时，须待前一次点样的溶剂挥发之后再点样。点样时毛细管的下端应轻轻接触吸附剂层。如果用力过猛，会将吸附剂层戳成一个孔，影响吸附剂层的毛细作用，从而影响样品的 $R_f$ 值。若在同一块板上点两个以上样点时，样点之间的距离不应小于 1 cm(图 2-30)。点样后待样点上溶剂挥发干净才能放入展开槽中展开。

**4. 展开**

展开剂是薄层层析中用来将样品展开的溶剂。展开剂带动样点在薄层板上移动的过程叫展开。展开过程是在充满展开剂蒸气的密闭的展开槽中进行的。

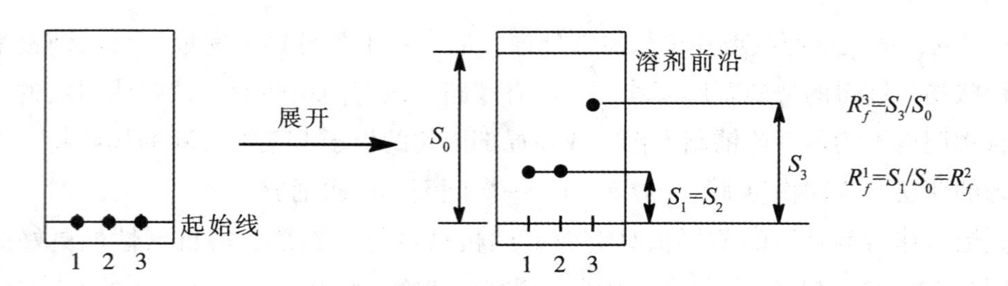


图 2-30　薄层层析 $R_f$值的计算及化合物鉴定

先在展开槽中装入深约 0.5 cm 的展开剂，盖上盖子放置片刻，使蒸气充满展开槽，然后将点好样的薄层板小心地放入其中，使点样端向下(注意展开剂不可浸及样点)，盖好盖子。由于吸附剂的毛细作用，展开剂缓缓向上爬升。如果展开剂选得合适，样点也随之展开。当展开剂前沿升至距薄层板上端约 1 cm 处时取出薄层板并立即标记出前沿位置(图 2-30)。

如果样品中各组分的比移值都较小，则应该换用极性大一点的展开剂；反之，如果各组分的比移值都较大，则应换用极性小一点的展开剂。每次更换溶剂，必须等展开槽中前一次的溶剂挥发干净后，再加入新的溶剂，换薄板并重新点样、展开，重复整个操作过程，直到找到一个分离效果好的展开剂。好的展开剂应沸点适中，对样品有良好的溶解性，并能使样品中各组分分开，展开后组分斑点圆且集中。

用于分离的大块薄层板，是在起点线上将样液点成一条线，使用足够大的展开槽展开，展开后成为带状，用不锈钢铲将各色带刮下分别萃取，各自蒸去溶剂，即可得到各组分的纯品。

**5. 显色**

分离和鉴定无色物质，必须先经过显色，才能观察到斑点的位置，判断分离情况。常用的显色方法有如下几种：

(1)碘蒸气显色法。由于碘能与很多有机化合物(烷烃和氯代烃除外)可逆地结合形成有颜色的络合物，所以先将几粒碘的晶体置于广口的密闭容器中，碘蒸气很快地充满容器，再将展开后的薄板(溶剂已挥发干净)放入其中并密闭起来，有机化合物即与碘作用而呈现出棕色的斑点。取出薄层板后应立即标记斑点的位置和形状(因碘易挥发，斑点的棕色在空气中很快就会消失)，计算 $R_f$值。

(2)紫外光显色法。如果被分离(或分析)的样品本身是荧光物质，可在暗处在紫外灯下观察到它的光亮的斑点。如果样品并无荧光性，可以选用加有荧光剂的吸附剂来制备薄板，或在制板时加入适量荧光剂，或在制好的薄板上用喷雾法喷洒荧光剂以制取荧光薄板。荧光薄板经点样、展开后取出，标记好前沿，待溶剂挥发干后放在紫外灯下观察。有机化合物在光亮的背景上呈现深色斑点。标记出斑点的位置和形状，计算 $R_f$值。

(3)试剂显色法。除了上述显色法之外，还可以根据被分离(分析)化合物的性质，采用不同的试剂进行显色，例如浓硫酸能使大多数有机物在加热后显黑色斑点(以 CMC 为黏合剂的硬板不宜用硫酸显色，因为硫酸也会使 CMC 碳化，整板黑色而显不出斑点位置)。

**6. 计算比移值**

分别测量各样点中心及前沿到起始线的距离，计算各组分的比移值(图 2-30)。比移值($R_f$)是在薄层层析中化合物样点移动的距离与展开剂前沿移动距离的比值，即

$$R_f=\frac{\text{化合物样点移动的距离}}{\text{展开剂前沿移动的距离}}$$

影响比移值的因素很多，如薄层的厚度，以及吸附剂的种类、粒度、活性、展开剂的种类和外界温度等，因此，即使是同一化合物在不同的薄层板上 $R_f$值也可能不同。但一般来说，同一块薄板上的同种化合物，在相同的展开条件下比移值相同，因此在鉴定未知样品时用已知化合物在同一块薄层板上点样做对照才比较可靠。如图 2-30 所示 1 为已知物，2，3 为未知物且知其中一种与已知物相同，展开后 1 与 2 爬升高度相同，$R_f^1=R_f^2\neq R_f^3$，所以 1，2 为同一化合物，而 3 则是不同的化合物。

## 2.9 柱 层 析

利用层析柱将混合物各组分分离开来的操作过程称为柱层析。与薄层层析类似，柱层析是层析技术中的一类，依据其作用原理又可分为吸附柱层析、分配柱层析和离子交换柱层析等。其中以吸附柱层析应用最广。以下只介绍吸附柱层析的相关问题。

### 2.9.1 吸附柱层析的作用原理

柱层析是将吸附剂均匀致密地装填在玻璃管、不锈钢管或塑料薄膜管中，使其形成柱状，称为固定相。当待分离的混合物样品被制成溶液从柱顶加入时，混合物中各组分或强或弱都会受到吸附剂的吸附而附着在柱顶吸附剂的表面。然后选取合适的溶剂(称为淋洗剂或流动相)自柱顶向下均匀地淋洗，各组分分子既在淋洗剂中发生溶解竞争，同时也在吸附剂表面发生吸附竞争。在溶解竞争中，溶解度大的分子易进入流动相；在吸附竞争中则是极性较小的，受吸力较弱的分子易于被其他分子从吸附剂表面“顶替”下来而进入流动相。进入流动相的分子随流动相一起下行，并在前进途中经历新的吸附和解吸溶解竞争。反之，溶解度小的，极性较强的分子则易被吸附，较难进入流动相，混合物样品里的同种分子具有相同的极性和溶解度，受吸附和解吸溶解的难易相同，向下行进的速度也大体相

同；而不同种分子在分子结构、极性及溶解度等方面存在着或大或小的差异，受吸附和解吸溶解的难易各不相同，下行的速度亦不相同。在经历了反复多次的吸附和解吸溶解竞争之后，各组分间就会逐渐拉开距离。较易进入流动相的组分行进较快，将较早到达柱底。用不同的接收瓶在柱下分别接收各组分的溶液，蒸除溶剂后即得各组分的纯品。也可在各组分的色带拉开距离之后停止淋洗，将柱吸干，挤出吸附剂，按色带分割，分别用溶剂萃取，再各自蒸去溶剂，以获得纯品。

## 2.9.2　吸附柱层析的器材

**1. 层析柱**

实验室常用的层析柱是下部带有活塞的玻璃管(图 2-31)，活塞的芯最好是聚四氟乙烯制作的，这样可以不涂真空油脂，以免污染产品。如果使用普通的玻璃活塞，则真空油脂要小心地涂薄涂匀。

层析柱的尺寸根据被分离物的量来确定，其直径与高度之比则根据被分离混合物的分离难易而定，一般在 1∶8 到 1∶50 之间。柱身细长，分离效果好，但可分离的量小，且分离所需时间长；柱身短粗，分离效果较差，但一次可以分离较多的样品，且所需时间短。如果待分离物各组分较难分离，宜选用细长的柱子，如果要处理大量的较易分离的或对分离纯度要求较低的混合物，则可选用粗而短的柱子。最常使用的层析柱，直径与长度之比在 1∶8 到 1∶15 之间。

**2. 吸附剂**

柱层析中最常使用的吸附剂也是氧化铝或硅胶，最常使用的活性级别是Ⅱ～Ⅲ级。吸附剂的用量一般为被分离样品的 30～50 倍，对于难以分离的混合物，吸附剂的用量可达 100 倍或更高。对于吸附剂应综合考虑其种类、酸碱性、粒度及活性等因素，最后用实验方法选择来确定。

柱层析所用氧化铝的粒度一般为 100～150 目，硅胶为 60～100 目，如果颗粒太小，淋洗剂在其中流动太慢，甚至流不出来。

**3. 淋洗剂**

淋洗剂是将被分离物从吸附剂上洗脱下来所用的溶剂，所以也称为洗脱剂或简称溶剂。其极性大小和对被分离物各组分的溶解度大小对于分离效果非常重要。如果淋洗剂的极性远大于被分离物的极性，则淋洗剂将受到吸附剂的强烈吸附，从而将原来被吸附的待分离物“顶替”下来，随多余的淋洗剂冲下而起不到分离作用；如果淋洗剂的极性远小于各组分的极性，则各组分被吸附剂强烈吸附而留在固定相中，不能随流动相向下移动，也不能达到分离的目的。如果淋洗剂对于被分离物各组分溶解度太大，被分离物将会过多、过快地溶解于其中并被迅速洗脱而不能很好地分离；如果溶解度太小，则会造成谱带分散，甚至完全不能分开。首先在薄层层析板上试选(图 2-29)，初步确定后再上柱分离。如果所有色带都行进甚慢则应改用极性较大、溶解性也较大的溶剂，反之则改用极性和溶解性都较小的溶剂，直至获得满意的分离效果。

除了分离效果外还应当考虑：①在常温至沸点的温度范围内可与被分离物长期共存不发生任何化学反应，也不被吸附剂或被分离物催化而发生自身的化学反应；②沸点较低以利回收；③毒性较小，操作安全；④适当考虑价格是否合算，来源是否方便；⑤回收溶剂一般不应作为最终纯化产物的淋洗剂。

淋洗剂的用量往往较大，故最好使用单一溶剂以利回收。只有在选不出合适的单一溶剂时才使用混合溶剂。混合溶剂一般由两种可以无限混溶的溶剂组成，先以不同的配比在薄层板上试验，选出最佳配比，再按该比例配制好，像单一溶剂一样使用。如果必须在层析过程中改变淋洗剂的极性，不能把一种溶剂迅速换成另一种溶剂，而应当将极性稍大的溶剂按一定的百分率逐渐加到正在使用的溶剂中去，逐步提高其比例，直至所需要的配比。一条经验规律称为"幂指数增加"，例如，原淋洗剂为环己烷，如欲加入二氯甲烷以增加其极性，则不应立即换为二氯甲烷，而应使用这两种溶剂的混合液，其中二氯甲烷的比例依次为 5%，15%，45%，最后再换为纯净的二氯甲烷。每次加大比例后，须待流出液量为吸附剂装载体积的 3 倍时再进一步加大比例。这只是一般方法，其目的在于避免后面的色带行进过快，追上前面的色带，造成交叉带。但如果两色带间有很宽阔的空白带，不会造成交叉，则亦可直接换成后一种溶剂，所以应根据具体情况灵活运用。

**4. 被分离的混合物**

在实际工作中，被分离的样品是不能选择的，但认真考察各个组分的分子结构，估计其吸附能力，对于正确选择吸附剂和淋洗剂都是有益的。若化合物的极性较大，或含有极性较大的基团，则易被吸附而较难被洗脱，宜选用吸附力较弱的吸附剂和极性较大的淋洗剂。反之，对于极性较小的样品则选用极性较强的吸附剂和弱极性或非极性淋洗剂。若各组分极性差别较大，则易于分离，可选用较为短粗的柱子，使用较少的吸附剂；若各组分极性相差甚微，则难以分离，宜选用细长的柱子并使用较大量的吸附剂。

**5. 其他物品**

储存淋洗剂的恒压滴液漏斗一只，接收洗出液的锥形瓶或试管若干支，其容积大小根据淋洗剂的体积确定。脱脂棉少量，白沙少量。

### 2.9.3 吸附柱层析的操作

**1. 装柱**

装柱的方法分湿法和干法两种。湿法装柱时，将柱竖直固定在铁支架上，关闭活塞，加入选定的淋洗剂至柱容积的 1/4，用一支干净的玻璃棒将少量脱脂棉轻轻推入柱底狭窄

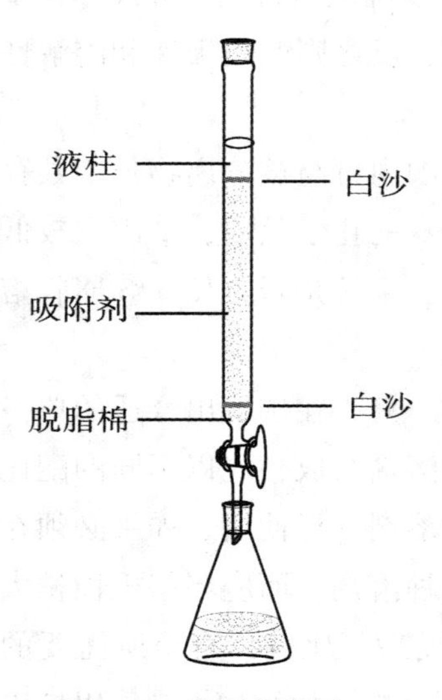

图 2-31　柱层析装置

部位，小心挤出其中的气泡，但不要压得太紧密，否则淋洗剂将流出太慢或根本流不出来。将准备好的白沙加入柱中，使在脱脂棉上均匀沉积成约 5mm 厚的一层。将需要量的吸附剂置烧杯中，加淋洗剂浸润，溶胀并调成糊状。打开柱下活塞调节流出速度为每秒钟 1 滴，将调好的吸附剂在搅拌下自柱顶缓缓注入柱中，同时用套有橡皮管的玻璃棒轻轻敲击柱身，使吸附剂在淋洗剂中均匀沉降，形成均匀紧密的吸附剂柱。吸附剂最好一次加完。若分数次加，则会沉积为数层，各层交接处的吸附剂颗粒甚细，在分离时易被误认为是一个色层。全部吸附剂加完后，在吸附剂沉积面上盖一薄层白沙，关闭活塞。在全部装柱过程及装完柱后，都需始终保持吸附剂上面有一段液柱，否则将会有空气进入吸附剂，在其中形成气泡而影响分离效果。如果发现柱中已经形成了气泡，应设法排除，若不能排除，则应倒出重装。装好的吸附柱各层材料的分布见图 2-31 所示。

干法装柱时，先将柱竖直固定在铁支架上，关闭活塞。加入溶剂至柱容积的 3/4，打开活塞控制溶剂流速为 1 滴/秒，然后将所需量的吸附剂通过一支短颈玻璃漏斗慢慢加入柱中，同时，轻轻敲柱身使柱填充紧密。干法装柱的缺点是容易使柱中混有气泡。特别是使用硅胶为吸附剂时，最好不用干法装柱，因为硅胶在溶剂中有溶胀过程，若采用干法装柱，硅胶会在柱中溶胀，往往留下缝隙和气泡，影响分离效果，甚至需要重新装柱。

**2. 加样**

加样亦有干法、湿法两种。湿法加样是将待分离物溶于尽可能少的溶剂中，如有不溶性杂质应当滤去。打开柱下活塞小心放出柱中液体至液面下降到白沙上表面处，关闭活塞，将配好的溶液沿着柱内壁缓缓加入，切记勿冲动白沙和吸附剂，否则将造成吸附剂表面不平而影响分离效果。溶液加完后，小心开启柱下活塞，放出液体至溶液液面降至白沙上表面时，关闭活塞。用少许溶剂小心冲洗柱内壁(同样不可冲动吸附剂)，再放出液体至液面降到白沙上表面处。再次冲洗柱内壁，直至柱壁和柱顶溶液没有颜色(或无待分离物)。加样操作的关键是要避免样品溶液被冲稀。在技术熟练的情况下，也可以不关下部活塞，在每秒钟 1 滴的恒定流速下连贯地完成上述操作。

干法加样是将待分离样品加少量低沸点溶剂溶解，再加入约 5 倍量吸附剂，拌和均匀后在通风橱中蒸发至干或旋转蒸发至干。将吸附了样品的吸附剂平摊在柱内吸附剂的顶端，再在上面加盖一层白沙。干法加样易于掌握，不会造成样品溶液的冲稀，但不适合对热敏感的化合物。

**3. 淋洗和接收**

样品加入后即可用大量淋洗剂淋洗。随着流动相向下移动，混合物逐渐分成若干个不同的色带，继续淋洗，各色带间距离拉开，最终被一个个淋洗下来。当第一色带开始流出时，更换接收瓶，接收完毕再更换接收瓶，接收两色带间的空白带，并依此法分别接收各个色带。若后面的色带下行太慢，可依次使用几种极性逐渐增大的淋洗剂来淋洗。

**4. 显色**

分离无色物质时需要显色。如果使用带荧光的吸附剂，可在黑暗的环境中用紫外光照射以显出各色带的位置，以便按色带分别接收。但柱上显色远不如在薄层板上显色方便。所以常用的办法是等分接收，即事先准备十几个甚至几十个接收瓶(如几十个试管)，依次编出号码，各接收相同体积的流出液，并各自在薄层板上点样展开，然后在薄层板上显色(相关的显色操作见薄层层析部分)。具有相同 $R_f$ 值的为同一组分，可以合并处理。也可能出现交叉带，若交叉带很少，可以弃之，若交叉带较多，或样品很贵重，可以将交叉部分再次作柱层析分离，直至完全分开。例如，某一样品经等分接收和薄层层析并显色处理后如图 2-32 所示。

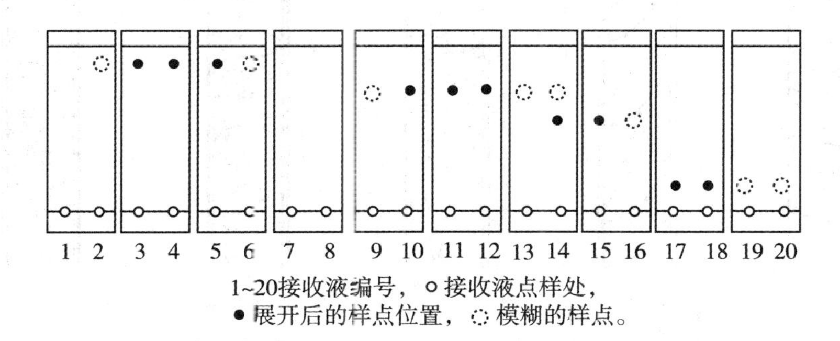


图 2-32 一个四组分样品经柱层析分离后经薄层层析检测的情况

由图 2-32 可知，1，7，8 号接收液都是空白，没有任何组分，可以合并。2~6 号为第一组分，可以合并处理，9~13 号为第二组分，14~16 号为第三组分，17~20 号为第四组分。其中第 14 号实际是一个交叉带，以第三组分为主，也含有少量第二组分。如果对第三组分的纯度要求不高，可以并入第三组分；如果对第三组分的纯度要求甚高，可将第 14 号接收液浓缩后再做一次柱层析分离。

## 2.9.4 柱层析操作中应注意的问题

(1)要控制淋洗剂流出的速度。一般控制流速为 1 滴/秒。若流速太快，样品在柱中的吸附和溶解过程来不及达到平衡，影响分离效果。若流速太慢，分离时间会拖得太长。有时，样品在柱中停留时间过长，可能促成某些成分发生变化；或流动相在柱中下行速度小于样品的扩散速度，会造成色带加宽、交合甚至根本不能分离。

(2)以下现象会严重影响分离效果，必须尽力避免。

①色带过宽，界限不清。造成的原因可能是柱的直径与高度比选择不当，或吸附剂、淋洗剂选择不当，或样品在柱中停留时间过长。但更常见的却是在加样时造成的。若在样品溶液加进柱中后，没有打开下部活塞放出淋洗剂使样品溶液降至白沙上表面处，即急于加溶剂冲洗柱壁，造成样品溶液大幅度稀释，或过早加大量溶剂淋洗，必然会造成色带过宽。所以溶样时一定要使用尽可能少的溶剂，加样时一定要避免样品溶液的稀释。

②色带倾斜。正常情况下柱中的色带应是水平的，如图 2-33a 所示。而倾斜的色带如图 2-33b 所示，在前一个色带尚未完全流出时，后面色带的前沿已开始流出，所以要想接收到纯粹的单一组分，就必须将交叉带分开收集。造成色带倾斜的原因是吸附剂的顶面装得倾斜，或柱身安装得不垂直。

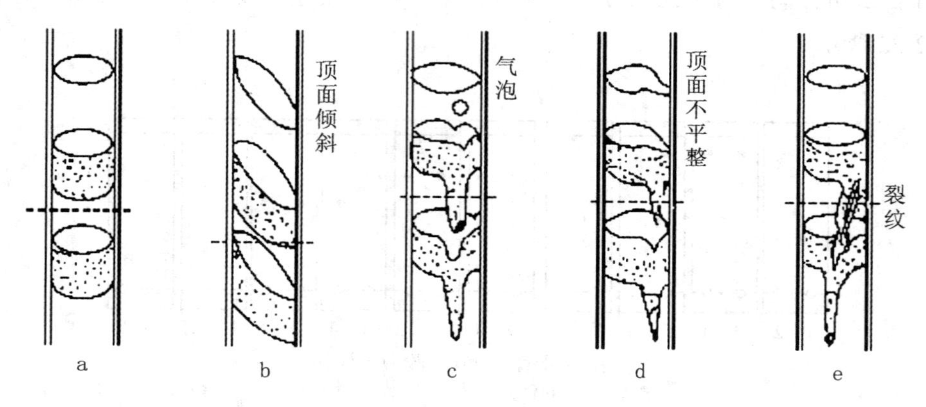


图 2-33 层析柱中的色带(虚线表示更换接收瓶处)

③气泡。造成气泡的原因可能是脱脂棉中的空气未挤净，其后升入吸附剂中形成气泡，也可能是吸附剂未充分浸润溶胀，在柱中与淋洗剂作用发热而形成，但更可能的是在装柱或淋洗过程中淋洗剂放出过快，液面下降到吸附剂沉积面之下，使空气进入吸附剂内部滞留而成。当柱内有气泡时，大量淋洗剂顺气泡外壁流下，在气泡下方形成沟流，使后一色带前沿的一部分突出伸入前一色带(图 2-33c)，从而使两色带难以分离。所以在装柱及淋洗过程中应始终保持吸附剂上面有一段液柱。

④柱顶面填装不平或加样时用力过猛将吸附剂表面冲动而造成不平。这时色带前沿将沿低凹处向下延伸进入前面的色带(图 2-33d)，这也是一种沟流。

⑤断层和裂缝。当柱内某一区域内积有较多气泡时，这些气泡会合并起来在柱内形成

断层或裂缝。图 2-33e 表示了裂缝造成的沟流，而断层相当于一个不平整的装载面，它造成沟流的情况与图 2-33d 相似。

## 2.10 干　燥

干燥是有机化学实验室中最常用到的基本操作之一，其目的在于除去化合物中存在的少量水分或其他溶剂。液体中的水分会与液体形成共沸物，在蒸馏时就有过多的“前馏分”，造成物料的严重损失；固体中的水分会造成熔点降低，而得不到正确的测定结果。试剂中的水分会严重干扰反应，如在制备格氏试剂或酰氯的反应中若不能保证反应体系的充分干燥就得不到预期产物；而反应产物如不能充分干燥，则在分析测试中就得不到正确的结果，甚至可能得出完全错误的结论。所有这些情况中都需要用到干燥。干燥的方法因被干燥物料的物理性质、化学性质及要求干燥的程度不同而不同，如果处置不当就不能得到预期的效果。

### 2.10.1 液体的干燥

实验室中液体有机化合物的干燥常采用将适当的干燥剂直接加入待干燥的液体中去，使之除去液体中的水而达到干燥的目的。常使用的干燥剂包括三类：一类是可形成结晶水的无机盐类，如无水氯化钙、无水硫酸镁、无水硫酸钠等；一类是可与水发生化学反应的物质，如金属钠、五氧化二磷、氧化钙等；一类是能吸附水的干燥剂，如分子筛、硅胶等。第一类的吸水作用是可逆的，升温即放出结晶水，故在蒸馏之前应将干燥剂滤除。第二类的吸水作用是不可逆的，在蒸馏时可不必滤除。第三类的吸水作用是物理吸附，升温即释放出水，故在蒸馏之前也应将干燥剂除去。吸水作用对于一次具体的干燥过程来说，需要考虑的因素有干燥剂的种类、用量、干燥的温度和时间以及干燥效果的判断等。这些因素是相互联系、相互制约的，因此需要综合考虑。

**1. 干燥剂的选择**

选择干燥剂首先必须考虑所用干燥剂不能与被干燥液体发生化学反应，也不能催化被干燥液体发生自身反应，所用干燥剂也不应溶解于被干燥的液体中。如碱性干燥剂不能用于干燥酸性液体；酸性干燥剂不可用来干燥碱性液体；强碱性干燥剂不可用于干燥醛、酮、酯、酰胺类物质，以免催化这些物质的缩合或水解；氯化钙不宜用于干燥醇类、酚类、胺类及某些醛和酯类，以免与之形成络合物等。工业上生产的氯化钙往往还含少量氢氧化钙，因此氯化钙也不宜用作酸或酸性液体的干燥剂。其次还要考虑干燥剂的干燥效能、干燥速度、需要干燥的程度以及价格等。

表 2-3 列出了实验室中常用的干燥剂及其特性。

表 2-3　**常用干燥剂及其特性**

| 干燥剂 | 酸碱性 | 与水作用产物 | 干燥速度 | 适用范围 |
| --- | --- | --- | --- | --- |
| 无水 $CaCl_2$ | 中性 | $CaCl_2 \cdot nH_2O$ （$n$=1，2，4，6） | 较快 | 能与醇、酚、胺、酰胺及某些醛、酮、酯形成分子络合物，所以不能用于上述各类有机物的干燥。工业品中往往含少量氢氧化钙，因此也不宜用作酸性物质的干燥 |
| 无水 $Na_2SO_4$ | 中性 | $Na_2SO_4 \cdot 10H_2O$ | 较慢 | 适用于各类有机物的干燥。与水作用较慢，干燥程度不高，当有大量水分时，常先用它作初步干燥，除去大量水分，然后再用其他干燥剂干燥 |
| 无水 $MgSO_4$ | 中性 | $MgSO_4 \cdot nH_2O$ （$n$=1，2，4，5，6，7） | 较快 | 适用于各类有机物的干燥。常用于那些不能用无水 $CaCl_2$ 干燥的有机物 |
| 无水 $CaSO_4$ | 中性 | $2CaSO_4 \cdot H_2O$ | 快 | 吸水容量小，适用于各类有机物的干燥。水合物在100℃以下较稳定，所以沸点在100℃以下的液体有机物(如乙醇、乙醚、丙酮等)，干燥后，可不必过滤就直接蒸馏 |
| 无水 $K_2CO_3$ | 碱性 | $K_2CO_3 \cdot 2\ H_2O$ | 较慢 | 适用于干燥醇、酮、酯等中性有机物以及碱性有机物如胺、生物碱等。但不能用于酸、酚或其他酸性物质的干燥 |
| KOH 或 NaOH | 碱性 | 碱性溶液 | 快 | 适用于干燥碱性有机物如胺类等。因其碱性强，对某些有机物起催化反应，而且易潮解，故应用范围受到限制。不能用于干燥酸类、酚类、酯、酰胺类以及醛、酮 |
| CaO | 碱性 | $Ca(OH)_2$ | 较快 | 适用于低级醇的干燥。CaO 和 $Ca(OH)_2$ 都不溶于醇，且对热稳定，故在蒸馏前不必滤除。不能用于酸性物质或酯类的干燥 |
| Na | 碱性 | $H_2 + NaOH$ | 快 | 常用于醚、烃类等惰性溶剂的最后干燥。一般先用其他方法除去溶剂中较多的水，剩下的微量水分再用金属钠丝或钠片除去。不能用于干燥醇(制无水甲醇、无水乙醇等除外)、酸、酯、有机卤代物、醛、酮及某些胺 |
| 分子筛 | 中性 | 物理吸附 | 快 | 一般用于各类有机物中微量水分的干燥。分子筛价格贵，使用后可活化再用 |

**2. 干燥的操作方法**

使用无机盐类干燥剂干燥有机液体时通常是将待干燥的液体置于锥形瓶中，根据粗略估计的含水量大小，按照每 10 mL 液体 0.5~1 g 干燥剂的比例加入干燥剂，塞紧瓶口，稍加摇振，室温放置半小时，观察干燥剂的吸水情况。若块状干燥剂的棱角基本完好；或细粒状的干燥剂无明显粘连；或粉末状的干燥剂无结团、附壁现象，同时被干燥液体已由浑浊变得清亮，则说明干燥剂用量已足，继续放置一段时间即可过滤。若块状干燥剂棱角消失而变得浑圆，或细粒状、粉末状干燥剂粘连、结块、附壁，则说明干燥剂用量不够，需再加入新鲜干燥剂。如果干燥剂已变成糊状或部分变成糊状，则说明液体中水分过多，一般需将其过滤，然后重新加入新的干燥剂进行干燥。若过滤后的滤液中出现分层，则需用分液漏斗将水层分出，或用滴管将水层吸出后再进行干燥，直至被干燥液体均一透明，而所加入的干燥剂形态基本上没有变化为止。

实际干燥过程中所用干燥剂的量往往是其最低需用量的数倍，以使其形成含结晶水数目较少的水合物，从而提高其干燥程度。但是，干燥剂的用量也不能过多，因为过多的干燥剂会吸附较多的被干燥液体，造成不必要的损失。同时，干燥剂的颗粒不能太大，也不要呈粉状。若干燥剂颗粒太大，总表面积小，吸水速度慢。若干燥剂颗粒太小，虽然与水接触面大，干燥所需时间短些，但小颗粒干燥剂总表面积大，又会吸附过多被干燥液体。所以太大的块状干燥剂宜作适当破碎，但又不宜破得太碎。

此外，一些化学惰性的液体，如烷烃和醚类等，有时也可用浓硫酸干燥。当用浓硫酸干燥时，硫酸吸收液体中的水而发热，所以不可将瓶口塞起来，而应将硫酸缓缓滴入液体中，在瓶口安装氯化钙干燥管与大气相通。搅拌或摇振容器使硫酸与液体充分接触，最后用蒸馏法收集纯净的液体。

### 2.10.2 固体的干燥

固体有机物在结晶(或沉淀)滤集过程中常吸附一些水分或有机溶剂。干燥时应根据被干燥有机物的特性和欲除去的溶剂的性质选择合适的干燥方式。常见的干燥方式有：

**1. 在空气中晾干**

对于那些热稳定性较差且不吸潮的固体有机物，或当结晶中吸附有易燃的挥发性溶剂如乙醚、石油醚、丙酮等时，可以将固体样品放在敞口容器中(如烧杯)或表面皿上于空气中自然晾干(盖上滤纸以防灰尘落入)。

**2. 红外灯干燥**

红外灯干燥固体物质(图 1-9)是利用红外线穿透能力强的特点，使水分或溶剂从固体内的各个部分迅速蒸发出来，所以干燥速度较快。红外灯通常与变压器联用，根据被干燥固体的熔点高低来调整电压，控制加热温度以避免因温度过高而造成固体的熔融或升华。用红外灯干燥时应注意经常翻搅固体，这样既可加速干燥，又可避免“烤焦”。

**3. 烘箱干燥**

烘箱多用于对无机固体物的干燥，特别是对干燥剂、吸附剂的焙烘或再生，如硅胶、氧化铝等。熔点高的不易燃有机固体物也可用烘箱干燥，但必须保证其中不含易燃溶剂，而且要严格控制温度以免造成熔融或分解。

**4. 干燥器干燥**

凡易吸潮或在高温干燥时会分解、变色的固体物质，可置于干燥器中干燥(图 2-34)。干燥剂与被干燥固体同处于一个密闭的容器内但不相接触，干燥剂放在底部，被干燥固体物放在表面皿或结晶皿内并置于多孔瓷盘上，固体物中的水或溶剂分子缓缓挥发出来并被干燥剂吸收。真空干燥器顶部装有带活塞的导气管，可接真空泵抽真空，使干燥器内的压强降低，从而提高干燥速度。应该注意，真空干燥器在使用前一定要经过试压。试压时要用铁丝网罩罩住或用布包住以防破裂伤人。使用时真空度不宜过高，一般在水泵上抽至盖子推不动即可。解除真空时，进气的速度不宜太快，以免吹散了样品。真空干燥器一般不宜用硫酸作干燥剂，因为在真空条件下硫酸会挥发出部分蒸气。如果必须使用，则需在瓷盘上加放一盘固体氢氧化钾。所用硫酸应为密度为 1.84 的浓硫酸，并按照每 1L 浓硫酸 18 g硫酸钡的比例将硫酸钡加入硫酸中，当硫酸浓度降到 93%时，有 $BaSO_4 \cdot 2H_2SO_4 \cdot H_2O$ 晶体析出，再降至 84%时，结晶变得很细，即应更换硫酸。

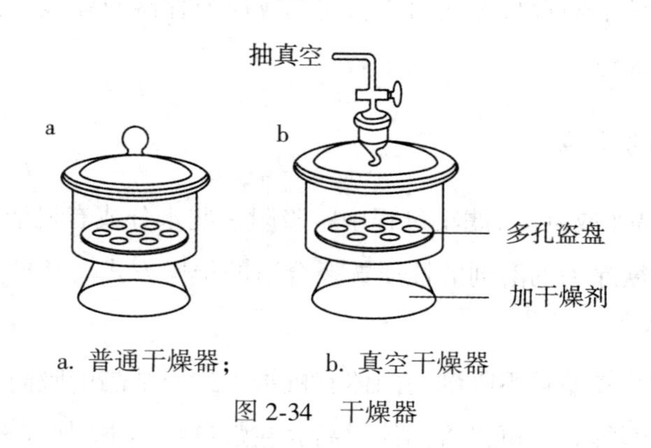


a. 普通干燥器；　　b. 真空干燥器

图 2-34　干燥器

用干燥器干燥时，对干燥剂的选择原则主要考虑其能否有效地吸收被干燥固体中的溶剂蒸气。表 2-4 列出了常用干燥剂可以吸收的溶剂，供选择干燥剂时做参考。

表 2-4　　干燥固体的常用干燥剂

| 干燥剂 | 可以吸收的溶剂蒸气 |
| --- | --- |
| CaO | 水、醋酸(或氯化氢) |
| $CaCl_2$ | 水、醇 |
| NaOH | 水、醋酸、氯化氢、酚、醇 |
| 浓 $H_2SO_4$ | 水、醋酸、醇 |
| $P_2O_5$ | 水、醇 |
| 石蜡片 | 醇、醚、石油醚、苯、甲苯、氯仿、四氯化碳 |
| 硅胶 | 水 |

**5. 电热真空干燥箱干燥**

当被干燥的物质数量较大时，可用真空干燥箱(图 2-35)干燥。其优点是使样品维持在一定的温度和负压下进行干燥，干燥量大，效率较高。

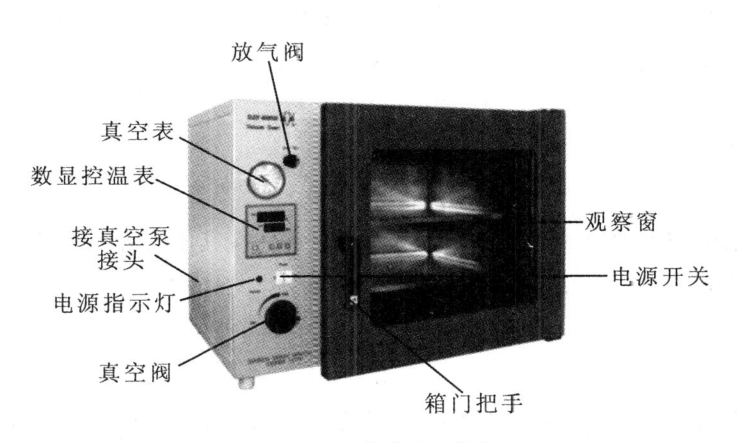


图 2-35　电热真空干燥箱

## 2.11 萃　　取

使溶质从一种溶剂中转移到与原溶剂不相溶混的另一种溶剂中，或使固体混合物中的某种或某几种成分转移到溶剂中去的过程称为“萃取”，也称提取。萃取是有机化学实验室中富集或纯化有机物的重要方法之一。以从固体或液体混合物中获得某种物质为目的的萃取常称为抽提，而以除去物质中的少量杂质为目的的萃取常称为“洗涤”。

如果被提取的体系是液态则称为“液-液萃取”，如果被提取的体系是固态则称为“固-液萃取”，又称固-液浸取。依据萃取所采用的方法不同又可分为“分次萃取”和“连续萃取”。下面主要介绍液-液分次萃取和固-液连续萃取方法。

### 2.11.1　萃取的基本原理

**1. 分配系数和分配定律**

分配定律是萃取方法的主要理论依据，它利用化合物在两种互不相溶(或微溶)的溶剂中溶解度或分配系数的不同，使化合物从一种溶剂转移到另外一种溶剂中。经过反复多次萃取，将绝大部分的化合物提取出来。

物质在不同的溶剂中有着不同的溶解度，当向两种互不相溶的溶剂中加入某种可溶性的物质时，它能分别溶解于两种溶剂中。

设溶剂 A 和溶剂 B 互不相溶，而溶质 M 既可溶于 A，也可溶于 B，在 A 和 B 中的溶解度分别为 $S_A$和 $S_B$。如果先将 M 溶于 A 中(不管是否达到饱和)，然后加入 B，则 A 中的 M 将部分地转移到 B 中去，当达到平衡时，M 在 A 中的浓度为 $C_A$，在 B 中的浓度为 $C_B$。实验证明，在一定温度下，$C_A$与 $C_B$的比值($K$)是一个常数。$K$ 被称为 M 在 A 和 B 中的“分配系数”，即：

$$K=\frac{C_A}{C_B}$$

继续向体系中加入溶质 M，则 $C_A$和 $C_B$都会增大，但其比值 $K$ 基本不变。当加至 M 在 A 和 B 中都已达到饱和时，$C_A=S_A$，$C_B=S_B$，则有：

$$K=\frac{C_A}{C_B}=\frac{S_A}{S_B}$$

大量实验表明，在不同浓度下，特别是在低浓度下，$C_A$与 $C_B$的比值并不完全等于其溶解度的比值，但偏差甚小。在实际工作中，$C_A$和 $C_B$具有随机性，既不可能也无必要每次都作准确测定，而 $S_A$和 $S_B$的值却可以很方便地从手册中查得，所以这个近似的式子在实际工作中应用广泛，被称为“分配定律”的表达式。

**2. 液-液萃取及其计算**

溶质从一种溶剂中转移到另一种溶剂中，这个过程称为液-液萃取。从理论上讲，有限次的液-液萃取不可能把溶剂 A 中的溶质全部转移到溶剂 B 中去。而在实际工作中也只需要将绝大部分溶质转移到萃取溶剂中去就可以了。经萃取后仍留在原溶剂中的溶质量可通过下面的推导求出：

设 $V_A$为原溶液的体积(mL)，$V_B$为萃取溶剂的体积(mL)，$W_0$为萃取前的溶质总量

(g)，$W_1$，$W_2$，…，$W_n$ 分别为经过 1 次、2 次……$n$ 次萃取后原溶液中剩余的溶质量，则：

$$\frac{C_A}{C_B}=\frac{W_1/V_A}{\frac{W_0-W_1}{V_B}}=K \quad \text{即} \quad W_1=W_0\left(\frac{KV_A}{KV_A+V_B}\right)$$

同理：

$$W_2=W_1\left(\frac{KV_A}{KV_A+V_B}\right)=W_0\left(\frac{KV_A}{KV_A+V_B}\right)^2$$

$$W_n=W_0\left(\frac{KV_A}{KV_A+V_B}\right)^n$$

当用一定量溶剂时，希望在原溶剂中的剩余量越少越好。而上式$\frac{KV_A}{KV_A+V_B}$总是小于 1，所以 $n$ 越大，$W_n$就越小。也就是说把溶剂分成数次作多次萃取比用全部量的溶剂作一次萃取为好。

有机化合物在有机溶剂中的溶解度一般比在水中大，因此用有机溶剂提取溶解于水的有机化合物是萃取的典型实例。

例如，在 15℃，正丁酸在水和苯中的分配系数 $K=1/3$，如果每次用 100 mL 苯来萃取 100 mL 含 4 g 正丁酸的水溶液，根据以上公式可知：经过一次、二次、三次、四次、五次萃取后，水溶液中剩余的正丁酸的量分别为

$$W_1=4\times\frac{\frac{1}{3}\times100}{\frac{1}{3}\times100+100}=4\times\frac{1}{4}=1.0(\text{g})$$

$$W_2=4\times\left(\frac{1}{4}\right)^2=0.250(\text{g}),\quad W_3=4\times\left(\frac{1}{4}\right)^3=0.0625(\text{g})$$

$$W_4=4\times\left(\frac{1}{4}\right)^4=0.016(\text{g}),\quad W_5=4\times\left(\frac{1}{4}\right)^5=0.004(\text{g})$$

如果将 100 mL 苯分成三等份，每次用 1 份萃取上述正丁酸的水溶液，萃取三次以后水溶液中剩余正丁酸的量为：

$$W_3=4\times\left(\frac{\frac{1}{3}\times100}{\frac{1}{3}\times100+\frac{100}{3}}\right)^3=4\times\left(\frac{1}{2}\right)^3=0.5(\text{g})$$

计算结果表明：

(1)萃取次数取决于分配系数，一般情况下萃取 3～5 次就够了。如果再增加萃取的次

数，被萃取物的量增加不多，而溶剂的量则增加较多，回收溶剂既要耗费能源，又要耗费时间往往得不偿失。

(2)萃取效果的好坏与萃取方法关系很大。用同样体积的溶剂，分作多次萃取要比用全部溶剂萃取一次的效果好。但是当溶剂的总量保持不变时，萃取次数 $n$ 增加，每次所用溶剂的体积 $V_B$ 必然要减小。每次所用溶剂的量太少，不仅操作增加了麻烦，浪费时间，而且被萃取物的量增加甚微，同样也是得不偿失的。

理想的萃取溶剂应该具备以下条件：

(1)不与原溶剂混溶，也不成乳浊液；

(2)不与溶质或原溶剂发生化学反应；

(3)对溶质有尽可能大的溶解度；

(4)沸点较低，易于回收；

(5)不易燃，无腐蚀，无毒或毒性甚低；

(6)价廉易得。

在实际工作中能完全满足这些条件的溶剂几乎是不存在的，故只能择优选用。乙醚是最常用的普适性溶剂，可满足大多数条件，但却易燃，久置会形成爆炸性的过氧化物，吸入过多蒸气也有害于健康。二氯甲烷与乙醚类似，却不易燃，其缺点是较易与水形成乳浊液。苯已被证明具有致癌危险，除非采取了有效的预防措施，否则最好不用。戊烷、己烷毒性较低，但易燃，亦较昂贵，故常用较便宜的石油醚代替。此外，氯仿、二氯乙烷、环己烷等也是常用的萃取溶剂，各有优缺点。

但是，如果溶质在原溶剂中溶解度大而在萃取溶剂中溶解度小，则有限次的萃取很难达到满意的效果，这时可采用适当的装置“连续萃取”，使萃取溶剂在使用后迅速蒸发再生，循环使用。

### 2.11.2 液-液分次萃取

实验室中液-液分次萃取的仪器是分液漏斗(图 2-36)，分液漏斗的容积应为被萃取液体体积的 2~3 倍，加入萃取剂后液体总体积不得超过分液漏斗容积的 3/4。将一定量的溶剂分多次萃取，其效率要比一次萃取要高。

**1. 涂油和检漏**

分液漏斗使用之前应先涂油和检漏(通常先用水试验)，否则分液漏斗会在使用过程中发生泄漏而造成损失。方法如下：

(1)取下旋塞芯，擦干旋塞芯和旋塞内壁，在旋塞芯两端靠外的地方均匀涂抹一层真空脂(或凡士林)，注意不要涂太多，也不要抹到旋塞芯的小孔里，然后将旋塞芯插入塞槽内，向同一方向旋转直至透明(如旋转不灵活，则说明涂油太少，需再涂一点真空脂)，再把小橡皮圈套在旋塞芯的尾部小槽上，防止旋塞芯滑脱。

(2)将分液漏斗架在铁圈上，关闭下部旋塞(图 2-36a)。小心加入适量水至分液漏斗中，检查旋塞是否漏液。如漏液，可能是真空脂涂抹太少，需重新涂油；也可能是旋塞不配套，如不配套则应更换新的仪器至关闭不漏液为止。

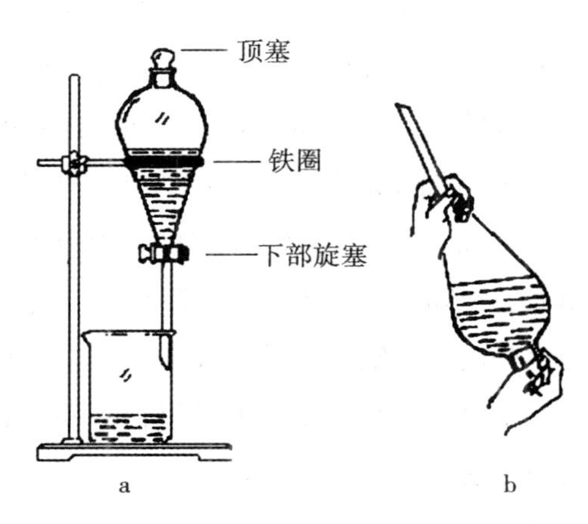


图 2-36 分液漏斗的使用

(3)旋开下部旋塞，检查水是否能从下部放出。如水不能从下部放出，则说明旋塞芯的小孔被真空脂堵住，可用细铁丝疏通后再检查，直至水能从下部放出。

(4)塞上漏斗上部的塞子(可选橡皮塞或标准磨口塞)，掌心顶紧塞子，将分液漏斗倒置，检查顶塞处是否漏液。如漏液，可能是塞子未塞紧或不配套，应仔细检查或更换顶塞直至不漏液为止。

**2. 操作方法**

将分液漏斗架在铁圈上，关闭下部活塞，加入被萃取溶液，再加入萃取剂(一般为被萃取溶液体积的 1/3 左右)，总体积不得超过分液漏斗容积的 3/4。塞上顶部塞子(较大的分液漏斗塞子上有通气侧槽，漏斗颈部有侧孔，应稍加旋动，使通气槽与侧孔错开)，取下分液漏斗，用右手手掌心顶紧漏斗上部的塞子，手指弯曲抓紧漏斗颈部(若漏斗很小，也可抓紧漏斗的肩部)。以左手托住漏斗下部将漏斗放平，使漏斗尾部靠近活塞处枕在左手虎口上，并以左手拇指、食指和中指控制漏斗的活塞，使之可随需要转动，如图 2-36b 所示。然后将左手抬高使漏斗尾部向上倾斜并指向无人的方向，小心旋开活塞“放气”一次，关闭活塞轻轻振摇后再“放气”一次，并重复操作。

当使用低沸点溶剂，或用碳酸氢钠溶液萃取酸性溶液时，漏斗内部会产生很大的气压，及时放出这些气体尤其重要，否则，因漏斗内部压力过大，会使溶液从玻璃塞子边渗出，甚至可能冲掉塞子，造成产品损失或打掉塞子。特别严重时会造成事故。每次“放气”

之后，要注意关好旋塞，再重复振摇。振摇的目的是增加互不相溶的两相间的接触面积，使它们在短时间内达到分配平衡，以便提高萃取效率。因此振摇应该剧烈(对于易气化的溶剂，开始振摇时可以稍缓和些)。振摇结束时，打开旋塞做最后一次“放气”，然后将漏斗重新放回铁圈上去，静置分层。

待分液漏斗中的液体分成清晰的两层以后，就可以进行分离。下层液体应先经旋塞从下口放出后，上层液体再从上口倒出。分离液层时，首先打开顶塞，以使大气相通，并使分液漏斗的下端靠在接受瓶的内壁。若有机物在下层，打开旋塞将其放入干燥的锥形瓶中(应少放出半滴)，而上层水液则从漏斗的上口倒出；如果有机层在上层，打开旋塞缓慢放出水层(可多放出半滴)，从上口将有机溶液倒入干燥的锥形瓶中。如果下层放得太快，漏斗壁上附着的一层下层液膜来不及随下层分出，所以应在下层将要放完时，关闭旋塞并静置几分钟后，再重新打开旋塞分液，特别是最后一次萃取更应如此。萃取结束后，将所有的有机溶液合并，加入适当的干燥剂干燥，滤除干燥剂后并蒸去溶剂。萃取所得到的有机化合物可根据其性质利用其他方法进一步纯化。

一般情况下，液层分离时密度大的溶剂在下层，有关溶剂密度的知识可用来鉴定液层。但常有例外，因为溶质的性质及浓度可能使两种溶剂的相对密度颠倒过来。所以，分离液层之前，应先检验液层的性质，即哪一层为水层，哪一层为有机层。检验方法如下：用一支盛有 1 mL 清水的试管接在分液漏斗下部，小心旋转活塞将 2~3 滴下层液体滴入试管中，振荡试管后静置，观察试管内液体是否分层。如果试管内液体分层，则说明下层液体为有机层，上层液体为水层。如果试管内液体混溶，不分层，则说明下层液体为水层，上层液体为有机层。如果下层液体包含所需的溶质，应将试管内的检验液从漏斗上口倒回漏斗中，以减少损失。为保险起见，实验过程中最好将两液层都保留，直至实验结束，否则可能误将所需要的液层弃去，以致无法补救，追悔莫及。

在萃取操作中，有时会遇到水层与有机层难以分层的现象(特别是当萃取液呈碱性时，常常出现乳化现象，难以分层)。此时，应认真分析原因，采取相应的措施：

(1)若萃取溶剂与水层的密度较接近时，可能发生难以分层的现象。在这种情况下，一般通过加入一些溶于水的无机盐，增大水层的密度，即可迅速分层。此外，用无机盐(通常用氯化钠)使水溶液饱和后，能显著降低有机物在水中的溶解度，明显提高萃取效果。这就是所谓的“盐析作用”。

(2)若因萃取溶剂与水部分互溶而产生乳化，只要静置时间较长一些就可以分层。

(3)若被萃取液中存在少量轻质固体，在萃取时常聚集在两相交界面处使分层不明显时，可采取竖直旋摇再静置，或将混合物抽滤后重新分层，问题一般可以解决。

(4)若因萃取液呈碱性而产生乳化，加入少量稀酸，并轻轻振摇常能使乳浊液分层。

(5)若被萃取液中含有表面活性剂而造成乳化时，只要条件允许，即可用改变溶液 pH 值的方法来使之分层。

此外，还可根据不同情况，采用加入醇类化合物改变其表面张力、加热破坏乳化等方法处理。

### 2.11.3 固-液连续萃取

在实验室里，从固体物质中萃取所需要的成分，通常是在如图 2-37 所示的 Soxhlet 提取器(索氏提取器，也叫脂肪提取器)中进行的。它利用溶剂回流及虹吸原理，使固体物质每次都能为纯的溶剂所浸润、萃取，因而效率较高。

萃取前先将固体物质研细，装进一端用线扎好的滤纸筒里，轻轻压紧，再盖上一层直径略小于纸筒的滤纸片，以防止固体粉末漏出堵塞虹吸管。滤纸筒上口向内叠成凹形，滤纸筒的直径应略小于萃取器的内径，以便于取放。筒中所装的固体物质的高度应低于虹吸管的最高点，使萃取剂能充分浸润被萃取物质。

将装好了被萃取固体的滤纸筒放进萃取器中，萃取器的下端与盛有溶剂的圆底烧瓶相连，上端接回流冷凝管。加热烧瓶使溶剂沸腾，蒸气沿侧管上升进入冷凝管，被冷凝下来的溶剂不断地滴入滤纸筒的凹形位置。当萃取器内溶剂的液面超过虹吸管的最高点时，因虹吸作用萃取液自动流入圆底烧瓶中并再度被蒸发。如此循环往复，被萃取的成分就会不断地被萃取出来，并在圆底烧瓶中浓缩和富集。浓缩液中的组分再用其他方法分离纯化。

热萃取是一种保温的固-液萃取。有些被萃取的物质在萃取剂中的溶解度随温度变化的幅度很大，即在室温下溶解度甚小，而在接近溶剂沸点时溶解度很大，因而提高萃取剂的温度会显著提高萃取效率。热萃取是在如图 2-38 所示的热萃取器中进行的，其结构类似于索氏提取器，只是带有保温外管。被萃取固体装在内管中，萃取剂在圆底烧瓶中受热气化并沿外管升腾，并对内管加热，冷凝下来的液滴滴入内管。当内管中的液面高度超过虹吸管顶端时，内管中大部分液体即从虹吸管流回圆底烧瓶中，完成一次萃取。

### 2.11.4 化学萃取

化学萃取是利用萃取剂与被萃取物发生化学反应而达到分离目的的。常用的化学萃取剂为 5%~10%的氢氧化钠、碳酸钠、碳酸氢钠水溶液或稀盐酸、稀硫酸及浓硫酸等。碱性萃取剂可以从有机相中移出有机酸，或从有机化合物中除去酸性杂质(使酸性杂质形成钠盐而溶于水中)。稀盐酸及稀硫酸可以从混合物中萃取出有机碱或除去碱性杂质。浓硫酸可以从饱和烃中除去不饱和烃或从卤代烷中除去醇、醚等杂质。化学萃取的操作方法与液-液分次萃取相同。

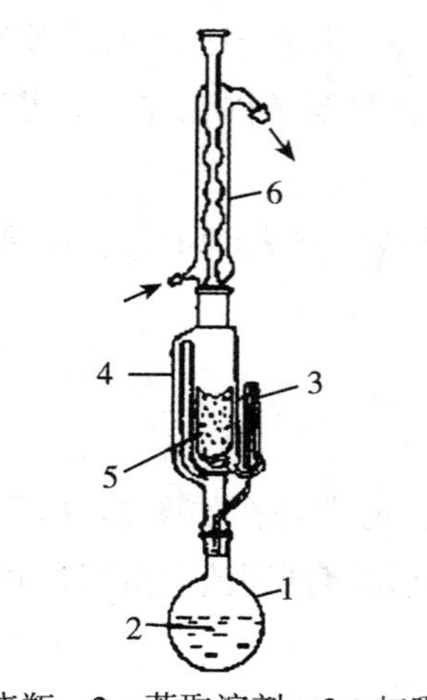


1—烧瓶　2—萃取溶剂　3—虹吸管
4—侧管　5—被萃取物　6—冷凝管

图 2-37　Soxhlet 提取器

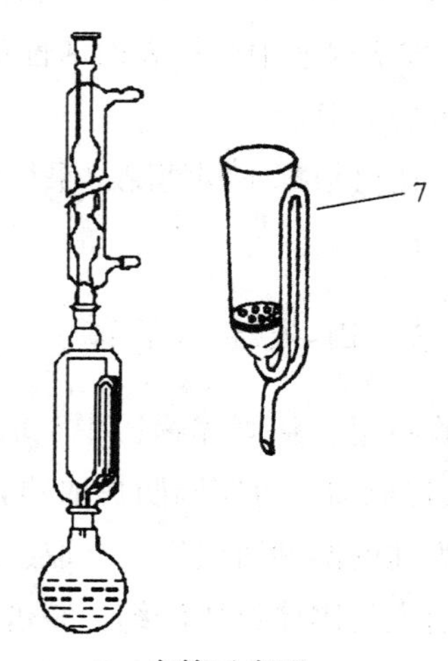


7—内管示意图

图 2-38　热萃取器

## 2.12　升　　华

升华是指固态物质在其压强等于外界压强的条件下不经液态直接转变为气态或气态物质在其压强与外界压强相等的条件下不经液态而直接转变为固态的物态转变过程。当外界压强为 $10^5$Pa 时称为常压升华，低于该数值时称为减压升华或真空升华。升华是纯化固态物质的方法之一，但由于它要求被提纯物在其熔点温度下具有较高的蒸气压，故仅适用于一部分含不挥发性杂质的固体物质，而不是纯化固体物质的通用方法。下面主要介绍常压升华的方法。

### 2.12.1　升华的基本原理

如果晶体化合物的三相点处蒸气压高于标准大气压，其相图如图 2-39 所示。当被加热升温时，其蒸气压沿 *ST* 曲线上升。当升至与一个大气压的等压线 *CD* 相交的 *A* 点时，温度 *R* 低于其三相点温度 *P*，体系中尚无液体出现，但蒸气压已与外界压强相等，晶体即不经过液体而直接转变成气体。这种在一个大气压下固体不经过液体直接转变为气体的现象称为升华。显然，三相点的蒸气压高于大气压的物质是很容易在常压下升华的。

### 2.12.2　升华的装置及操作

常压升华的装置多种多样。图 2-40 绘出的是几种常压升华装置。其中 a 是在铜锅中装

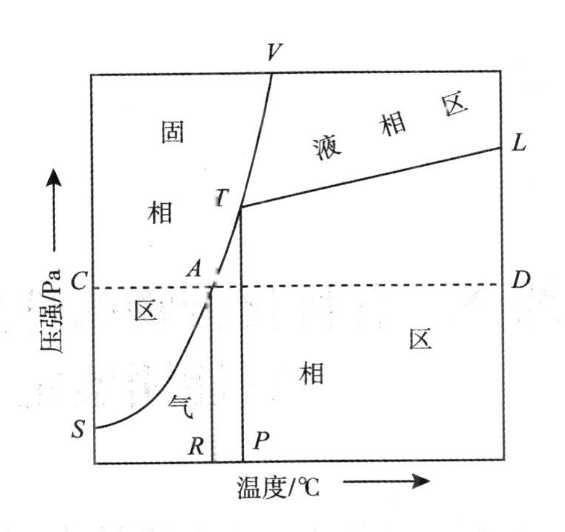

图 2-39　易于常压升华的晶体化合物的相图

入沙子，装有被升华物的蒸发皿坐在沙子中，皿底沙层厚约 1 cm，将一张穿有许多小孔的圆滤纸平罩在蒸发皿中，距皿底 2~3 cm，滤纸上倒扣一个大小合适的玻璃三角漏斗，漏斗颈上用一小团脱脂棉松松塞住。温度计的水银泡应插到距锅底约 1.5 cm 处并尽量靠近蒸发皿底部。加热铜锅，慢慢升温，被升华物气化，蒸气穿过滤纸在滤纸上方或漏斗内壁结出晶体。升华完成后熄灭火焰，冷却后小心地用小刀刮下晶体即得升华产品。需要注意的是沙子传热慢，温度计上的读数与被升华物实际感受到的温度也有较大差异，因而仅可作参考。如无铜锅，也可将升华器皿放在电热套上，如图 2-40b 所示。这样的装置不能插温度计，因而需十分小心地缓慢加热，密切注视蒸气上升和结晶情况，勿使被升华物熔融或烧焦。对于较大量物质的升华，可在烧杯中进行，烧杯上放置一个装有冰水的烧瓶，使蒸气在烧瓶底部凝结成晶体(图2-40c)。

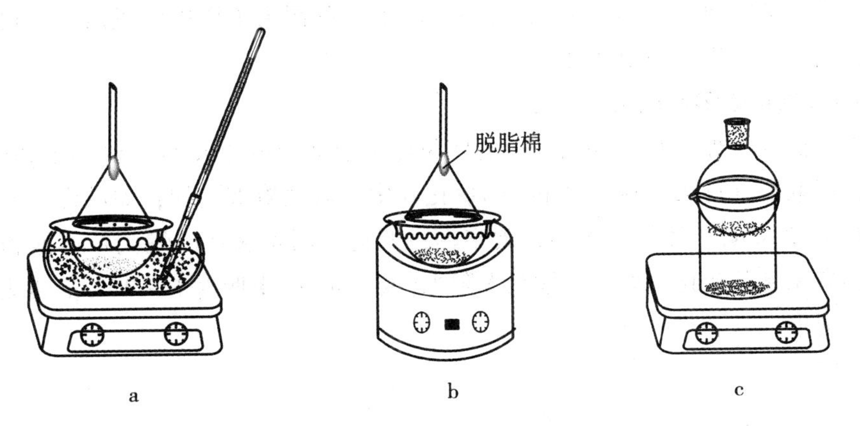

图 2-40　几种常压升华装置

# 第三部分　有机化合物的性质及官能团鉴定

官能团的定性鉴定就是利用有机化合物中各种官能团的不同特性，或与某些试剂反应产生特殊的现象(颜色变化、沉淀析出等)来证明样品中是否存在某种预期的官能团。官能团的定性鉴定具有反应快、操作简便的特点，可为迅速鉴定化合物的结构提供重要信息，因而是一种常用的方法。

## 3.1　烷、烯、炔的鉴定

烷烃是饱和化合物，分子中只有 C—H 键和 C—C 键，在一般条件下稳定，在特殊条件下可发生取代反应。

烯烃的官能团是 C═C，炔烃的官能团是 C≡C。这些不饱和键可与棕红色的溴发生加成反应，使溴的棕红色褪去；也可被高锰酸钾所氧化，使高锰酸钾溶液的紫色褪去并产生黑褐色的二氧化锰沉淀。

链端炔含有活泼氢(C≡C—H)，可与银离子或亚铜离子作用生成白色炔化银或红色炔化亚铜沉淀，以区别于炔及烯烃。

**1. 溴的四氯化碳溶液试验**

在干燥的试管中加入 0.5 mL 2%溴的四氯化碳溶液，再加入 1~2 滴不饱和试样(如试样为固体，可取数毫克溶于 0.5~1 mL 四氯化碳中，取此溶液滴加；如试样为乙炔，则通入乙炔气体 1~2 min，下同)，摇荡，观察颜色变化。用 4 滴环己烷代替不饱和试样同样试验，观察有无颜色变化，如无，放在太阳光(或日光灯)下照射 15~20 min 再观察，解释所观察到的现象。

相关反应：

$$>C=C< + Br_2 \longrightarrow -\underset{Br}{\overset{|}{C}}-\underset{Br}{\overset{|}{C}}-$$

$$—C≡C— + 2Br_2 \longrightarrow —CBr_2—CBr_2—$$

$$C_6H_{12} + Br_2 \xrightarrow{h\nu} C_6H_{11}Br + HBr$$

例外情况和干扰因素：少数烯烃(如反丁烯二酸)或炔烃不与溴加成或反应很慢，使试验呈阴性。某些存在烯醇式结构的醛酮(如2，4-戊二酮、乙酰乙酸乙酯等)，某些带有强活化基团的芳香烃(如茴香醚)等也会使溴褪色。

**2. 稀高锰酸钾溶液试验**

在小试管中加入2 mL 1%高锰酸钾水溶液，然后加入2滴试样(若试样为固体，可取数毫克溶于0.5~1 mL水或丙酮中，取此溶液滴加)，摇荡，观察有无颜色变化、沉淀生成，解释所观察到的现象。

相关反应：

$$RR'C=CHR'' + MnO_4^- \longrightarrow R'C(R)(OH)—C(R'')(OH)H + MnO_2\downarrow$$

$$\xrightarrow{[O]} RR'C=O + R''COO^-$$

$$R—C≡C—R' + MnO_4^- \longrightarrow RCOO^- + R'COO^- + MnO_2\downarrow$$

干扰因素：某些醛、酚和芳香胺等也可使高锰酸钾溶液褪色而干扰试验结果。

**3. 银氨溶液试验**

在试管中加入0.5 mL 5%的硝酸银溶液，再加1滴5%氢氧化钠溶液，产生大量灰色的氢氧化银沉淀。向试管中滴加2%氨水溶液直至沉淀恰好溶解为止。往此溶液中加入2滴试样或通入乙炔气体1~2 min，观察有无白色沉淀生成。试验完毕，向试管中加入1∶1的稀硝酸分解炔化银，因为它在干燥时有爆炸危险。

相关反应：

$$AgNO_3 + NaOH \longrightarrow NaNO_3 + AgOH\downarrow \text{(灰色)}$$

$$2AgOH \longrightarrow Ag_2O + H_2O$$

$$\xrightarrow{4NH_3\cdot H_2O} 2[Ag(NH_3)_2]OH + 3H_2O$$

$$R—C≡C—H + [Ag(NH_3)_2]OH \longrightarrow R—C≡CAg\downarrow + 2NH_3\uparrow + H_2O$$

**4. 铜氨溶液试验**

取绿豆粒大的固体氯化亚铜，溶于1 mL水中，然后滴加浓氨水至沉淀全溶，在此溶液中加入2滴试样或通入乙炔2 min，观察有无红色沉淀生成。

相关反应：

$$HC\equiv CH + 2Cu(NH_3)_2Cl \longrightarrow CuC\equiv CCu\downarrow + 2NH_4Cl + 2NH_3\uparrow$$

## 3.2　卤代烃的鉴定

### 1. 硝酸银试验

在小试管中加入5%硝酸银溶液1 mL，再加入2~3滴试样(固体试样先用乙醇溶解)，振荡并观察有无沉淀生成。如立即产生沉淀，则试样可能为苄基卤、烯丙基卤或叔卤代烃。如无沉淀生成，可加热煮沸片刻再观察，若生成沉淀，则加入1滴5%硝酸并摇振，沉淀不溶解者，试样可能为仲或伯卤代烃；若仍不能生成沉淀，或生成的沉淀可溶于5%的硝酸，则试样可能为乙烯基卤或卤代芳烃或同碳多卤代化合物。

相关反应：

$$RX + AgNO_3 \longrightarrow RONO_2 + AgX\downarrow$$

试验原理及可能的干扰：本试验的反应为$S_N1$反应，卤代烃的活泼性取决于烃基结构。最活泼的卤代烃是那些在溶液中能形成稳定的碳正离子和带有良好离去基团的化合物。当烃基不同时，活泼性次序如下：

$$C_6H_5CH_2X \text{ 或 } (CH_3)_2C{=}C(CH_3)CH_2X > R_3CX > R_2CHX > RCH_2X > CH_3X >> C_6H_5X \text{ 或 } (CH_3)_2C{=}C(CH_3)X$$

故苄基卤、烯丙基卤和叔卤代烃不经加热即可迅速反应；仲及伯卤代烃需经加热才能反应；乙烯基卤、卤代芳烃和在同一碳原子上多卤取代的化合物即使加热也不反应。

当烃基相同而卤素不同时，活泼性次序为：RI>RBr>RCl>RF。

氢卤酸的铵盐、酰卤也可与硝酸银溶液反应立即生成沉淀，可能干扰本试验。羧酸也能与硝酸银反应，但羧酸银沉淀溶于稀硝酸，不形成干扰。

### 2. 碘化钠溶液试验

往试管中加入15%碘化钠丙酮溶液，加入4~5滴试样并记下加入试样的时间，摇振后观察并记录生成沉淀的时间。若在3 min内生成沉淀，则试样可能为伯卤代烃。如5 min内仍无沉淀生成，可在50℃水浴中温热6 min(注意勿超过50℃)，移离水浴，观察并记录可能的现象变化。若生成沉淀，则样品可能为仲或叔卤代烃；若仍无沉淀生成，可能为卤代芳烃、乙烯基卤。

相关反应：

$$RCl + NaI \xrightarrow{CH_3COCH_3} RI + NaCl\downarrow$$

$$RBr + NaI \xrightarrow{CH_3COCH_3} RI + NaBr\downarrow$$

试验原理：碘化钠溶于丙酮，形成的碘负离子是良好的亲核试剂。在试验条件下碘离子取代试样中的氯或溴是按 $S_N2$ 历程进行的，反应的速度是$RCH_2X>R_2CHX>R_3CX$，而卤代芳烃或乙烯基卤则不发生取代反应。生成的氯化钠或溴化钠不溶于极性较小的丙酮，因而成为沉淀析出，从析出沉淀的速度可以粗略推测试样的烃基结构。

## 3.3 醇的鉴定

**1. Lucas 试验**

Lucas 试剂的配制：将无水氯化锌在蒸发皿中加强热熔融，稍冷后放进干燥器中冷至室温，取出捣碎，称取 34 g，溶于 23 mL 浓盐酸($d$=1.187)中。配制过程需搅拌，并把容器放在冰水浴中冷却，以防止 HCl 大量挥发。

伯、仲、叔醇的鉴定：在小试管中加入 5 ~ 6 滴样品及 2 mL Lucas 试剂，塞住管口振荡后静置观察。若立即出现浑浊或分层，则样品可能为苄醇、烯丙型醇或叔醇；若静置几分钟后变浑浊或分层者为仲醇；室温无变化，加热后变浑浊或分层者为伯醇。

相关反应：

$$ROH + HCl \xrightarrow{ZnCl_2} RCl + H_2O$$

试验原理与局限：烃基结构不同的醇可与 Lucas 试剂在常温下反应，叔醇反应最快，仲醇次之，伯醇最慢。氯化锌的作用是与醇形成锌盐$\left[R-\overset{+}{\underset{H}{O}}-\overset{-}{Zn}Cl_2\right]$以促使 C—O 键的断裂。

由于反应生成的氯代烷不溶于水，因此反应后呈现浑浊或分层现象。观察反应中出现浑浊或分层的快慢可以区分伯、仲、叔醇。但含六个碳以上的一元醇水溶性较差，一般不能利用 Lucas 试剂鉴别。甲醇、乙醇和异丙醇所生成的氯代烃具较大挥发性，在未分层前已挥发，故亦不适于此法。本试验的关键在于尽可能保持盐酸的浓度。因此，所用仪器均应干燥，配制试剂时用冰水浴冷却，加热反应时温度不宜过高，以防止 HCl 大量逸出。

**2. 氧化试验**

往试管中加入 1 mL 7.5 mol/L 硝酸，再加入 3~5 滴 5%重铬酸钾溶液，然后加入数滴样品，摇动后观察。若溶液由橙红色转变为蓝绿色，则样品为伯或仲醇；若无颜色变化，则样品为叔醇。

相关反应：

$$RCH_2OH \xrightarrow{K_2Cr_2O_7+HNO_3} RCOOH + Cr^{3+}\text{（蓝绿色）}$$

$$\begin{matrix}R' \\ R\end{matrix}\!\!>CH-OH \xrightarrow{K_2Cr_2O_7+HNO_3} \begin{matrix}R' \\ R\end{matrix}\!\!>C=O + Cr^{3+}\text{（蓝绿色）}$$

试验原理：硝酸与重铬酸钾的混合溶液在常温下能氧化大多数伯及仲醇，同时橙红色的 $Cr_2O_7^{2-}$ 离子转变为蓝色的 $Cr^{3+}$ 离子，溶液由橙红色转变为蓝绿色。叔醇不能被氧化。借此可区别叔醇与伯、仲醇。

**3. 氢氧化铜试验**

在试管中加入 3 滴 5%的硫酸铜溶液和 6 滴 5%的氢氧化钠溶液，观察记录现象变化。再加入 5 滴 10%的醇样品水溶液，摇振，观察记录现象变化。最后向试管中加入 1 滴浓盐酸，摇振并记录现象变化。

试验原理：硫酸铜与氢氧化钠作用产生氢氧化铜淡蓝色沉淀。邻位二醇或邻位多元醇可与新鲜的氢氧化铜形成络合物而使沉淀溶解，形成绛蓝色溶液。加入盐酸后络合物分解为原来的醇和铜盐。

## 3.4　酚的鉴定

**1. 酚的弱酸性**

取 0.1 g 样品于试管中，逐渐加水摇振至全溶，用 pH 试纸检验水溶液的弱酸性。若样品不溶于水，可逐滴加入 10%氢氧化钠溶液至全溶，再滴加 10%盐酸溶液使其析出，解释各步骤的现象变化。

相关反应（以苯酚为例）：

$$C_6H_5-OH \xrightarrow{NaOH} C_6H_5-O^-Na^+ \xrightarrow{HCl} C_6H_5-OH$$

试验原理：酚类化合物有弱酸性，与强碱作用生成酚盐而溶于水，酸化后酚重新游离出来。

**2. 三氯化铁试验**

在试管中加入 0.5 mL1%的样品水溶液或稀乙醇溶液，再加入 2~3 滴 1%的三氯化铁水溶液，观察各种酚所表现的颜色。

相关反应(以苯酚为例)：

$$6\ C_6H_5\text{—}OH \xrightarrow{FeCl_3} 3HCl+[Fe(OC_6H_5)_6]^{3-}+3H^+$$

试验原理及局限：酚类与 $Fe^{3+}$络合，生成的络合物电离度很大而显现出颜色。不同的酚，其络合物的颜色大多不同，常见者为红、蓝、紫、绿等色。间-羟基苯甲酸、对羟基苯甲酸、大多数硝基酚类无此颜色反应。α-萘酚、β-萘酚及其他一些在水中溶解度太小的酚，其水溶液的颜色反应不灵敏或不能反应，必须使用乙醇溶液才可观察到颜色变化。有烯醇结构的化合物也可与三氯化铁发生颜色反应，反应后颜色多为紫红色。

**3. 溴水试验**

在试管中加入 0.5 mL1%的样品水溶液，逐滴加入溴水。溴的颜色不断褪去，观察有无白色沉淀生成。

相关反应(以苯酚为例)：

$$C_6H_5OH + 3Br_2 \longrightarrow 2,4,6\text{-}Br_3C_6H_2OH\downarrow + 3HBr$$

试验原理与可能的干扰：酚类易于溴化，生成的多取代酚类因不溶于水而成沉淀析出。但分子中如果含有易与溴发生取代反应的氢原子的其他化合物，如芳香胺、硫醇等，也有同样的反应，可能对本试验造成干扰。间苯二酚的溴代产物在水中溶解度较大，需加入较多的溴水才能产生沉淀。

## 3.5 醛和酮的鉴定

醛和酮都具有羰基，可与苯肼、2，4-二硝基苯肼、羟胺、氨基脲、亚硫酸氢钠等试剂加成。这些反应常作为醛和酮的鉴定反应，此处只选取了 2，4-二硝基苯肼试验和亚硫酸氢钠试验两例。Tollen 试验、Fehling 试验、Schiff 试验是醛所独有的，常用来区别醛和酮。碘仿试验常用以区别甲基酮和一般的酮。

**1. 2，4-二硝基苯肼试验**

2，4-二硝基苯肼试剂的配制：取 1.5 g 2，4-二硝基苯肼，加入 7.5 mL 浓硫酸，溶解后将此溶液慢慢倒入 35 mL 95%乙醇中，用 10 mL 水稀释，必要时过滤备用。

鉴定试验：取 2，4-二硝基苯肼试剂 2 mL 于试管中，加入 1～2 滴样品(固体样品可用最少量的乙醇或二氧六环溶解后滴加)，振荡，静置片刻，若无沉淀析出，微热半分钟再振荡，冷却后有橙黄色或橙红色沉淀生成，表明样品是醛或酮。

相关反应：

$$\mathrm{RR'C{=}O} \xrightarrow{\text{2,4-}(O_2N)_2C_6H_3\text{-NHNH}_2} O_2N\text{-}C_6H_3(NO_2)\text{-NHN{=}CRR'}$$

试验原理及可能的干扰：产物 2，4-二硝基苯腙易于沉淀且有颜色(黄、橙黄或橙红色)，因而可以方便地检出醛和酮。缩醛可水解生成醛，苄醇、烯丙型醇易被试剂氧化生成醛或酮，因而也显正性试验。羧酸及其衍生物不与 2，4-二硝基苯肼加成。强酸或强碱性化合物能使未反应的 2，4-二硝基苯肼沉淀，可能干扰试验。此外某些醇常含少量氧化产物，在试验中也会产生少量沉淀，故若试验中产生的沉淀极少，应视为负结果。

**2. 亚硫酸氢钠试验**

饱和亚硫酸氢钠溶液的配制：在 100 mL 40%的亚硫酸氢钠溶液中加入不含醛的无水乙醇 25 mL，如有少量亚硫酸氢钠结晶析出则需滤除。此溶液易于氧化和分解，故不宜久置，应现配现用。

鉴定试验：往试管中加入新配制的饱和亚硫酸氢钠溶液 2 mL，再加入样品 6～8 滴，用力振荡后置于冰水浴中冷却，若有结晶析出，表明试样为醛、甲基酮或环酮。往其中加入 2 mL 10%的碳酸钠溶液或 2 mL 5%的盐酸，摇动后放在不超过 50℃的水浴中加热，观察并记录现象变化。

相关反应：

$$\mathrm{RR'C{=}O} \underset{Na_2CO_3\text{或}HCl}{\overset{\text{饱和}NaHSO_3}{\rightleftharpoons}} \mathrm{RR'C(OH)SO_3Na}\downarrow \quad (R'{=}H,\ CH_3)$$

试验原理与局限：亚硫酸氢根离子有强的亲核性，易与醛或酮的羰基加成，生成的羟基磺酸盐晶体在试验条件下不能全溶而呈沉淀析出，遇到酸或碱又分解为原来的醛或酮。由于亚硫酸氢根离子体积太大，本试验仅适合于醛、脂肪族甲基酮和不多于八个碳原子的环酮。

**3. 碘仿试验**

碘-碘化钾溶液的配制：将 20 g 碘化钾溶于 100 mL 蒸馏水中，然后加入 10 g 研细的碘粉，搅拌至全溶，得深红色溶液。

鉴定试验：往试管中加入 1 mL 蒸馏水和 3～4 滴样品(不溶或难溶于水的样品用尽量

少的二氧六环溶解后再滴加)，再加入 1 mL 10%氢氧化钠溶液，然后滴加碘-碘化钾溶液并摇动，反应液变为淡黄色。继续摇动，淡黄色逐渐消失，随之出现浅黄色沉淀，同时有碘仿的特殊气味逸出，则表明样品为乙醛或甲基酮。若无沉淀析出，可用水浴温热至 60℃左右，静置观察。若溶液的淡黄色已经褪去但无沉淀生成，应补加几滴碘-碘化钾溶液并温热后静置观察。

相关反应：

$$\mathrm{R{-}C({=}O){-}CH_3} \xrightarrow{I_2/NaOH} \mathrm{R{-}C({=}O){-}CI_3} \xrightarrow{NaOH} \mathrm{R{-}C({=}O){-}O^-Na^+} + CHI_3\downarrow$$

试验原理及适用范围：甲基酮(或乙醛)的甲基氢原子被碘取代，生成的三碘代酮(或醛)在碱性水溶液中不稳定，易分解为少一个碳原子的羧酸盐，同时生成碘仿。碘仿不溶于水而呈黄色沉淀析出。由于碘在碱性条件下可以将乙醇及具有 α-羟乙基($CH_3CH(OH)—$)结构的醇氧化为乙醛或甲基酮化合物，因而在本试验中也呈正性结果。

**4. Tollens 试验**

在洁净的试管中加入 2 mL 5%的硝酸银溶液，振荡下逐滴加入浓氨水，开始溶液中产生棕色沉淀，继续滴加氨水直至沉淀恰好溶解为止(不宜多加，否则影响试验的灵敏度)，得到澄清透明的溶液。然后向其中加入 2 滴样品(不溶或难溶于水的样品可用数滴乙醇或丙酮溶解后滴加)。振荡，若无变化，可于 40℃的水浴中温热数分钟，有银镜生成者表明为醛类化合物。

相关反应：

$$AgNO_3 \xrightarrow{NH_3 \cdot H_2O} AgOH\downarrow \xrightarrow{NH_3 \cdot H_2O} [Ag(NH_3)_2]OH$$

$$\mathrm{R{-}C({=}O){-}H} \xrightarrow{\text{Tollens 试剂}} \mathrm{R{-}C({=}O){-}O^-NH_4^+} + Ag\downarrow + NH_3 + H_2O$$

试验原理及可能的干扰：硝酸银在氨水作用下先生成氢氧化银沉淀，继而生成银氨络合物而溶于水，即为 Tollens 试剂。它是一种弱氧化剂，可将醛氧化成羧酸，而银离子则被还原成银附着于试管壁上成为银镜。酮一般不能被还原，所以 Tollens 试验是区别醛和酮的一种灵敏的试验。除醛之外，某些易于氧化的糖类、多元酚、氨基酚、某些芳香胺及其他一些具还原性的有机化合物也会使本试验呈正性反应。含–SH 或–CS 基团的化合物会生成 AgS 沉淀而干扰本试验。加有 NaOH 的 Tollens 试剂在空白试验中加热到一定温度也会有银镜生成，所以不加 NaOH 的银氨溶液的试验结果具有更大的可靠性。

Tollens 试验所用试管必须十分洁净，否则即使正性反应也不能形成银镜，而只能析出黑色絮状沉淀。为此，需将试管依次用温热的浓硝酸、水、蒸馏水洗涤后才可使用。Tollens 试剂久置或加热温度过高，会生成具有爆炸性的黑色氮化银沉淀（$Ag_3N$）和雷酸银（AgONC），因此只宜现配现用，加热温度不宜过高，一般在 40℃ 左右，最高也不宜超过 60℃。试验后应立即加入少量硝酸煮沸以洗去银镜。

**5. Fehling 试验**

Fehling 试剂的配制：Fehling A：将 7 g 五水硫酸铜晶体（$CuSO_4 \cdot 5H_2O$）溶于 100 mL 水中。Fehling B：将 34.6 g 酒石酸钾钠晶体、14 g 氢氧化钠溶于 100 mL 水中。A，B 两溶液分别密封储存，使用前临时取等体积混合，即为 Fehling 试剂。

鉴定试验：取 Fehling A 和 Fehling B 各 0.5 mL 在试管中混合均匀，然后加入 3~4 滴样品，在沸水浴中加热，若有砖红色沉淀生成则表明样品是脂肪族醛类化合物。

相关反应：

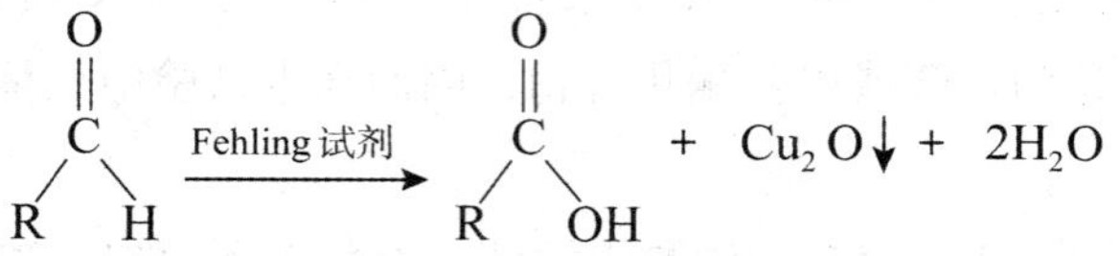

$$R{-}\overset{O}{\overset{\|}{C}}{-}H \xrightarrow{\text{Fehling 试剂}} R{-}\overset{O}{\overset{\|}{C}}{-}OH + Cu_2O\downarrow + 2H_2O$$

试验原理与注意事项：硫酸铜与氢氧化钠作用，产生的氢氧化铜与酒石酸钾钠形成蓝色的酒石酸铜络合物而溶于水。

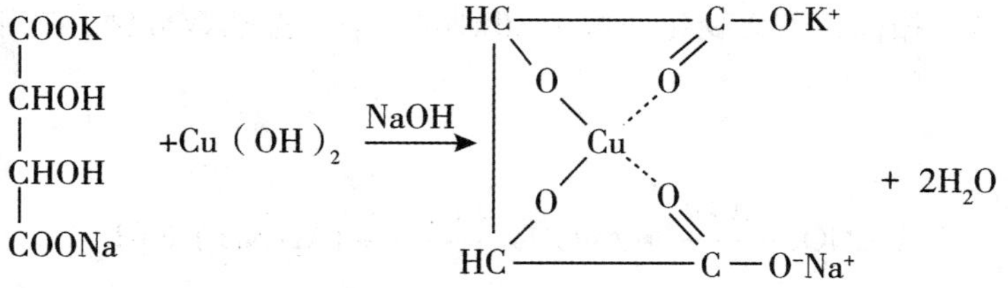

$$\begin{array}{l} COOK \\ | \\ CHOH \\ | \\ CHOH \\ | \\ COONa \end{array} + Cu(OH)_2 \xrightarrow{NaOH} \begin{array}{l} HC{-}{-}{-}{-}C{-}O^-K^+ \\ \quad O \quad O \\ \quad\; Cu \\ \quad O \quad O \\ HC{-}{-}{-}{-}C{-}O^-Na^+ \end{array} + 2H_2O$$

这种铜离子络盐将水溶性的醛氧化成羧酸，同时 $Cu^{2+}$ 被还原为 $Cu^+$，成为氧化亚铜沉淀析出。试验中颜色的变化通常是蓝→绿→黄→红色沉淀。芳香醛不溶于水，不能发生 Fehling 反应，故本试验可用于区别脂肪醛和芳香醛。由于酒石酸铜络合物不稳定，故混合均匀后的 Fehling 试剂应立即使用，不宜久置。

**6. Schiff 试验**

Schiff 试剂的配制：

方法一：将 0.2 g 品红盐酸盐（也叫碱性品红或盐基品红）溶于 100 mL 热水中，冷却后加入 2 g 亚硫酸氢钠和 2 mL 浓盐酸，再用蒸馏水稀释到 200 mL。

方法二：在 20 mL 水中通入二氧化硫使之达到饱和，加入 0.2 g 品红盐酸盐搅拌溶解。放置数小时，待溶液呈无色或浅黄色时用蒸馏水稀释至 200 mL，密封储存于棕色瓶中待用。

鉴定试验：取1~2 mL Schiff试剂于试管中，滴入3~4滴样品(固体样品可用少许水或无醛乙醇或二氧六环溶解后滴加)，放置数分钟观察颜色变化。若显紫红色，表明样品是醛。取此紫红色溶液1滴于另一试管中，再加入同种样品4滴，然后加入4滴浓硫酸，摇动。紫红色不褪且略有加深者为甲醛；紫红色褪去者为其他的醛。

相关反应：

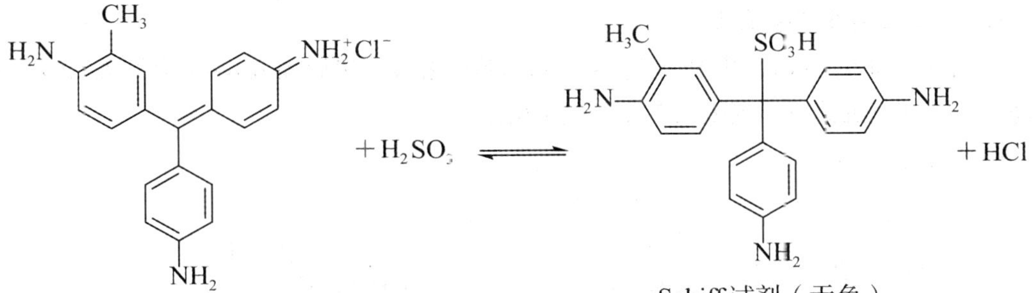

$CH_3$ $H_2N$ $NH_2^+Cl^-$ $NH_2$ $+H_2SO_3$ ⇌ $H_3C$ $SC_3H$ $H_2N$ $NH_2$ $NH_2$ $+HCl$

品红盐酸盐（桃红色） Schiff试剂（无色）

试验原理与注意事项：品红盐酸盐与 $H_2SO_3$ 加成，破坏了苯环与醌式发色团( 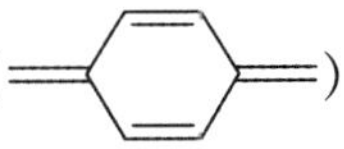 )的共轭结构而褪色，生成无色的Schiff试剂。醛可与Schiff试剂加成、脱去磺酸基，恢复共轭结构而显色，生成紫红色产物。脂肪族醛反应很快，芳香醛反应较慢；甲醛的反应产物遇硫酸不褪色，其他醛的反应产物遇硫酸褪色；丙酮在本试验中可产生很淡的颜色，其他酮则不反应。所以可用本试验区分醛和酮，也可区分甲醛和其他的醛。但一些特殊的醛如对氨基苯甲醛、香草醛等不显正性反应。1~3个碳原子的醛试验非常灵敏，其他醛则需1 mg左右的样品才能呈正性反应。操作本试验应该注意：①Schiff试剂不稳定，光照、受热、在空气中久置等都会失去二氧化硫而恢复为桃红色。遇此情况可再通入 $SO_2$ 气体至无色后才可使用。②试验中生成的紫红色加成产物可与试剂中过量的 $SO_2$ 作用生成醛的亚硫酸加成物(无色)，结果使紫红色加成产物脱去醛而恢复为无色的Schiff试剂。所以试剂中过量的 $SO_2$ 越多，试验的灵敏度越差，试验后静置，反应液的紫红色也会逐渐褪去。③无机酸的存在也会大大降低试验的灵敏度。

## 3.6 乙酰乙酸乙酯的鉴定

乙酰乙酸乙酯是由酮式结构和烯醇式结构组成的平衡混合体系：

$$CH_3COCH_2COOC_2H_5 \rightleftharpoons H_3C-C(OH)=CH-C(=O)OC_2H_5$$

酮式（92.5%）　　　　烯醇式（7.5%）

因此，它兼具酮式和烯醇式的反应特征。$\beta$-二羰基化合物大多存在着这种互变异构体的平衡，因此，乙酰乙酸乙酯的结构鉴定试验代表了这类互变异构体的鉴定方法。

**1. 2，4-二硝基苯肼试验**

往试管中加入 1 mL 新配制的 2，4-二硝基苯肼溶液，然后加入 4~5 滴乙酰乙酸乙酯，振荡，有橙红色沉淀析出则表明存在酮式结构。

相关反应：

$$H_3C-CO-CH_2-COOC_2H_5 \xrightarrow{2,4-(O_2N)_2C_6H_3NHNH_2} 2,4-(O_2N)_2C_6H_3-NHN=C(CH_3)-CH_2-COOC_2H_5 \downarrow$$

**2. 亚硫酸氢钠试验**

往试管中加入 2 mL 乙酰乙酸乙酯和 0. 5 mL 饱和亚硫酸氢钠溶液，振荡 5~10 min，析出胶状沉淀则表明有酮式结构存在。再往其中加入饱和碳酸钠溶液，振荡后沉淀消失。

相关反应：

$$H_3C-CO-CH_2-COOC_2H_5 \underset{Na_2CO_3}{\overset{饱和\ NaHSO_3}{\rightleftharpoons}} H_3C-C(OH)(SO_3Na)-CH_2-COOC_2H_5 \downarrow$$

**3. 三氯化铁-溴水试验**

往试管中滴入 5 滴乙酰乙酸乙酯，再加入 2 mL 水，摇匀后滴入 3 滴 1%三氯化铁溶液，摇动，若有紫红色出现，表明有烯醇式或酚式结构存在。往此有色溶液中滴加 3~5 滴溴水，摇动后若颜色褪去，表明有双键存在。将此无色溶液放置一段时间，若颜色又恢复，表明一部分酮式转化为烯醇式，与溶液中的 $FeCl_3$ 或 $FeBr_3$ 又发生第一步反应，颜色恢复。

相关反应：

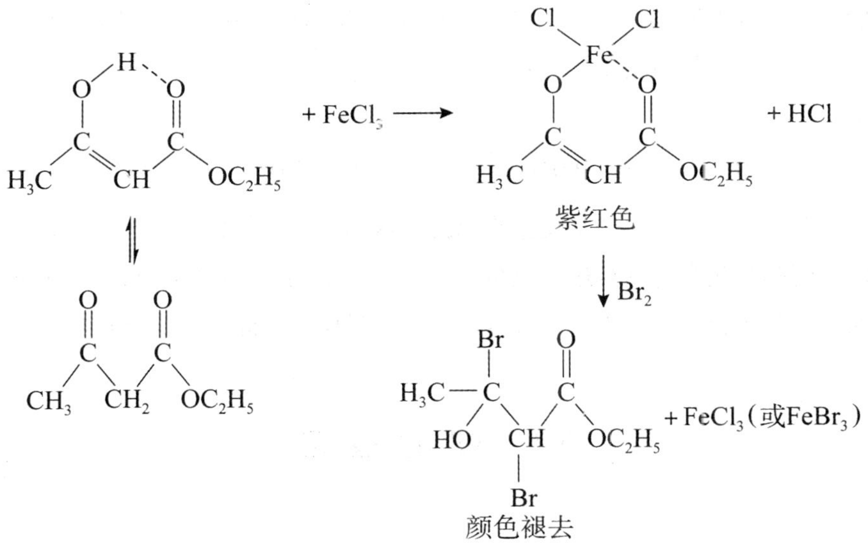

$$CH_3C(OH){=}CHCOOC_2H_5 \rightleftharpoons CH_3COCH_2COOC_2H_5$$

$$CH_3C(OH){=}CHCOOC_2H_5 + FeCl_3 \longrightarrow \text{(烯醇式铁配合物, }FeCl_2\text{)} + HCl$$

紫红色

$$\xrightarrow{Br_2} CH_3CBr(OH)CHBrCOOC_2H_5 + FeCl_3(\text{或}FeBr_3)$$

颜色褪去

**4. 醋酸铜试验**

将0.5 mL乙酰乙酸乙酯与0.5 mL饱和醋酸酮溶液在试管中混合并充分摇振，有蓝绿色沉淀生成。加入1~2 mL氯仿再次振荡，沉淀消失，表明有烯醇式结构存在。

相关反应：

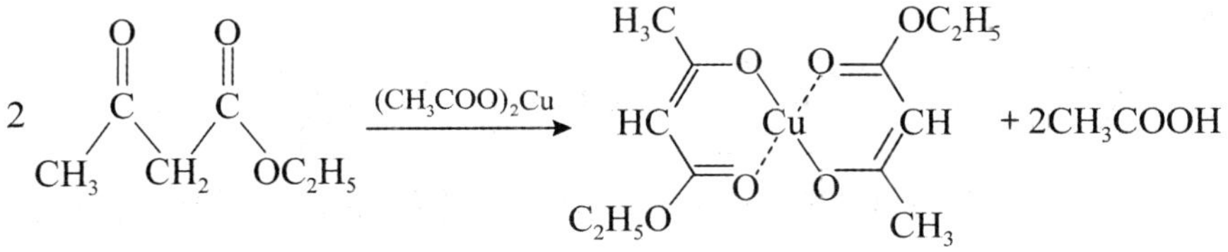

$$2CH_3COCH_2COOC_2H_5 \xrightarrow{(CH_3COO)_2Cu} \text{(烯醇式铜配合物, Cu)} + 2CH_3COOH$$

乙酰乙酸乙酯的烯醇式结构中有两个配位中心(羟基和酯羰基)，与铜离子生成络合物，不溶于水而溶于氯仿。

## 3.7　硝基化合物的鉴定

硝基化合物的鉴定可用氢氧化亚铁试验。

硫酸亚铁溶液的配制：取25 g硫酸亚铁铵和2 mL浓硫酸加到500 mL煮沸过的蒸馏水中，再放入一根洁净的铁丝以防止氧化。

氢氧化钾乙醇溶液的配制：取30 g氢氧化钾溶于30 mL水中，将此溶液加到200 mL乙醇中。

鉴定操作：在试管中放入4 mL新配制的硫酸亚铁溶液，加入1滴液体或20~30 mg固体样品，然后再加入 1 mL 氢氧化钾乙醇溶液，塞住试管口振荡，若在 1 min 内出现棕红色氢氧化铁沉淀，表明样品为硝基化合物。

相关反应：

$$R—NO_2+6Fe(OH)_2+4H_2O \longrightarrow R—NH_2+6Fe(OH)_3\downarrow$$

试验原理及可能的干扰：硝基化合物能把亚铁离子氧化成铁离子，使之以氢氧化铁沉淀形式析出，而硝基化合物则被还原成胺。所有的硝基化合物都有此反应。但凡有氧化性的化合物如亚硝基化合物、醌类、羟胺等也都有此反应，可能对本试验形成干扰。

## 3.8　胺的鉴定

**1. 胺的碱性**

在试管中放置 3~4 滴样品，在摇动下逐渐滴入 1.5 mL 水。若不能溶解，可加热再观察。如仍不能溶解，可慢慢滴加 10%硫酸直至溶解，然后逐渐滴加 10%氢氧化钠溶液，记录现象变化。

相关反应：

$$C_6H_5—NH_2 \xrightarrow{H_2SO_4} C_6H_5—NH_3^+\ HSO_4^- \xrightarrow{NaOH} C_6H_5—NH_2$$

脂肪胺易溶于水，芳香胺溶解度甚小或不溶。胺遇无机酸生成相应的铵盐而溶于水，强碱又使胺重新游离出来。

**2. Hinsberg 试验**

往试管中加入 0.5 mL 样品、2.5 mL 10%的氢氧化钠溶液和 0.5 mL 苯磺酰氯，塞好塞子，用力摇振 3~5 min。以手触摸试管底部，是否发热？取下塞子，在不高于 70℃的水浴中加热并摇振 1 min，冷却后用试纸检验，若不呈碱性，应再滴加 10%的氢氧化钠溶液至呈碱性，记录现象并作如下处理：

若溶液清澈，可用 6 mol/L 的盐酸酸化。酸化后析出沉淀或油状物，则样品为伯胺。

若溶液中有沉淀或油状物析出，亦用 6 mol/L 盐酸酸化至蓝色石蕊试纸变红，沉淀不消失，则样品为仲胺。

始终无反应，溶液中仍有油状物，用盐酸酸化后油状物溶解为澄清溶液，则样品为叔胺。

相关反应：

$$RNH_2 \xrightarrow[NaOH,\ H_2O]{C_6H_5SO_2Cl} C_6H_5SO_2NHR\downarrow \underset{HCl}{\overset{NaOH}{\rightleftharpoons}} C_6H_5SO_2\overset{-}{N}RNa^+$$（沉淀溶于碱）

$$R_2NH \xrightarrow[NaOH,\ H_2O]{C_6H_5SO_2Cl} C_6H_5SO_2NR_2\downarrow \xrightarrow{NaOH} \xrightarrow{HCl}$$ 沉淀不溶于碱，也不溶于酸

$$R_3N \xrightarrow[NaOH,\ H_2O]{C_6H_5SO_2Cl} R_3N \xrightarrow{HCl} R_3\overset{+}{N}HCl^-$$（溶于水）

（油状，不反应）

试验原理与注意事项：Hinsberg 试验是伯胺、仲胺或叔胺在碱性介质中与苯磺酰氯的反应，用以区别伯胺、仲胺、叔胺。

伯胺与苯磺酰氯反应，生成的苯磺酰胺的氮原子上还有活泼氢原子，因而可溶于氢氧化钠溶液，用盐酸酸化后才成为沉淀析出。

仲胺与苯磺酰氯反应，生成的苯磺酰胺的氮原子上没有活泼氢原子，不能溶于氢氧化钠溶液而直接形成沉淀(有时为油状物)析出，酸化也不溶解。

叔胺氮原子上没有可被取代的氢原子，在试验条件下看不出反应的迹象，但实际情况要复杂得多。大多数脂肪族叔胺经历如下变化过程：

$$R_3N \xrightarrow{C_6H_5SO_2Cl} [C_6H_5SO_2\overset{+}{N}R_3Cl^-] \xrightarrow{OH^-} R_3N + C_6H_5SO_3H + Cl^-$$

所以看不到明显的反应现象。芳香族叔胺通常不溶于反应介质而呈油状物沉于试管底部。这时苯磺酰氯迅速与介质中的 $OH^-$作用，转化为苯磺酸，也观察不到明显的反应现象。但苯磺酰氯也会有一部分混溶于叔胺中，一起沉于底部而与介质脱离接触。所以需要加热使叔胺分散浮起，以使其中的苯磺酰氯全部转化为苯磺酸，否则在酸化以后，未转化的苯磺酰氯仍以油状存在，往往会造成判断失误。如果供试验的芳香族叔胺在反应介质中有一定程度的溶解，则可能导致复杂的次级反应，特别是使用过量试剂、加热温度过高、时间过长时，往往产生深色染料，即使再经酸化也难溶解。

因此，本试验应使用试剂级的胺以免混入杂质；加热温度不宜过高，时间不宜过长；微量的沉淀不能视为正性反应。

可以使用对-甲苯磺酰氯代替苯磺酰氯，效果相同。

**3. 亚硝酸试验**

在试管Ⅰ中加入 3 滴样品和 2 mL 30%硫酸溶液，混匀。在试管Ⅱ中加入2 mL10%亚硝酸钠水溶液。在试管Ⅲ中加入 4 mL 10%氢氧化钠溶液和 0.2 g β-萘酚。将以上三支试管都放在冰盐浴中冷却至 0~5℃，然后将Ⅱ中的溶液倒入Ⅰ中，振荡并维持温度不高于 5℃。根据现象判断样品归属。

若在此温度下有大量气泡冒出，则样品为脂肪族伯胺。

若在此温度下不冒气泡或仅有极少量气泡冒出，溶液中也无固体或油状物析出，则取试管Ⅲ中溶液逐滴滴入其中，产生红色沉淀表明样品为芳香族伯胺。

若溶液中有黄色固体或油状物析出，则用10%氢氧化钠中和至呈碱性，颜色保持不变，表明样品为仲胺；如中和后转变为绿色固体，表明样品为叔胺。

相关反应：

$$RNH_2 \xrightarrow[0\sim5℃]{NaNO_2/H_2SO_4} R-N_2^+ \text{（不稳定）} \longrightarrow R^+ + N_2\uparrow$$

$$\xrightarrow{H_2O} ROH+\text{烯烃}+\text{卤代烃}$$

$$R_2NH \xrightarrow[0\sim5℃]{NaNO_2/H_2SO_4} R_2N—NO\text{（黄色油状或固体，遇碱不变色）}$$

$$R_3N \underset{NaOH}{\overset{HNO_2}{\rightleftharpoons}} R_3\overset{+}{N}HNO_2^-$$

$$C_6H_5-NH_2 \xrightarrow[0\sim5℃]{NaNO_2/H_2SO_4} C_6H_5-N_2^+ \xrightarrow{\text{2-萘酚}} C_6H_5-N=N-C_{10}H_6OH\text{（红色沉淀）}$$

$$R_2N-C_6H_5 \xrightarrow[0\sim5℃]{NaNO_2/H_2SO_4} \left[R_2\overset{+}{N}H-C_6H_4-NO\right]\cdot HSO_4^-\text{（黄色油状或固体）}$$

$$\xrightarrow{NaOH} R_2N-C_6H_4-NO\text{（绿色固体）}$$

试验原理与注意事项：脂肪族伯胺与亚硝酸反应生成的重氮盐非常不稳定，立即分解放出氮气，同时发生取代、重排、消除等一系列反应生成醇、烯烃和卤代烃等复杂混合物，在合成上无意义。但反应放出的氮气是定量的，可用作—$NH_2$的测定。

芳香族伯胺与亚硝酸反应生成的重氮盐较脂肪族重氮盐要稳定得多，可以在低温下存在一段时间，在有机合成中有重要的应用。固态的重氮盐十分不稳定，遇热或撞击时会发生爆炸！因此，重氮盐一般不需分离，直接用于下步反应。重氮盐在弱碱、中性或弱酸性溶液中与酚或芳胺等反应，生成有颜色的偶氮化合物。

脂肪族和芳香族仲胺与亚硝酸作用生成N-亚硝基胺。N-亚硝基胺为黄色油状物或固体，毒性很强，可致癌！

脂肪族叔胺与亚硝酸生成不稳定的盐，加入强碱溶液又游离出叔胺。芳香族叔胺与亚硝酸反应，发生芳环上的亲电取代反应，形成亚硝基化合物。

## 3.9 糖的鉴定

**1. Molisch 试验(α-萘酚试验)**

往试管中加入 0.5 mL 5%的样品水溶液，滴入 2 滴 10%的 α-萘酚乙醇溶液，混合均匀后将试管倾斜约 45°角，沿管壁慢慢加入 0.5 mL 浓硫酸(勿摇动)。此时样品在上层，硫酸在下层，若在两层交界处出现紫色的环，表明样品中含有糖类化合物。

相关反应：

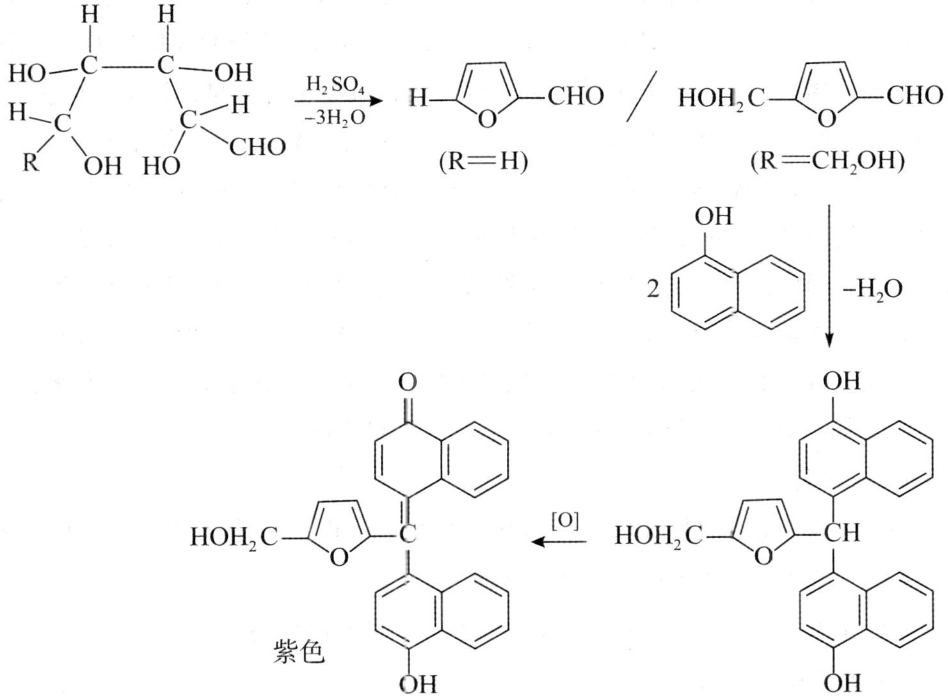

$\xrightarrow[-3H_2O]{H_2SO_4}$ (R=H) / $(R=CH_2OH)$ $\xrightarrow{-H_2O}$ $\xleftarrow{[O]}$ 紫色

试验原理与注意事项：本试验是糖类鉴定的通用试验。试验的原理一般认为是单糖被浓硫酸脱水生成糠醛或糠醛衍生物。戊糖变成糠醛，己糖相应地生成 5-羟甲基糠醛。生成的糠醛或糠醛衍生物再进一步与 α-萘酚缩合成醌型化合物而显紫色。该反应灵敏度极高，无须加热即可检测到 0.000 01%的糖。Molisch 试验不针对特定类型的糖，单糖、双糖和多糖均可发生显色反应。糖苷类化合物先与浓硫酸作用生成糖后也发生上述反应。因此，Molisch 试验是一种非常灵敏的检测糖或者糖苷的反应。

**2. Benedict 试验**

Benedict 试剂的配制：将 173 g 柠檬酸钠和 100 g 无水碳酸钠溶于 800 mL 水中。另将 17.3 g 结晶硫酸铜溶于 100 mL 水中。将硫酸铜溶液缓缓注入柠檬酸钠溶液中，如溶液不澄清，可过滤之。

鉴定操作：往试管中加入 1 mL Benedict 试剂和 5 滴 5%的样品水溶液，在沸水浴中加热 2~3 min，放冷，若有红色或黄绿色沉淀生成，表明样品为还原性糖。

相关反应：$R—CHO + 2Cu^{2+} + 2H_2O \longrightarrow R—COOH + Cu_2O\downarrow + 4H^+$

试验原理及可能的干扰：柠檬酸钠的作用是与铜离子形成络离子，防止在碱性溶液中生成氢氧化铜沉淀。因此，Benedict 试剂是二价铜离子的柠檬酸络合物溶液，在反应中二价铜离子将糖中的醛基氧化为羧基而自身被还原，成为红色的氧化亚铜沉淀。当沉淀的量较少时，在溶液中显黄绿色或黄色。Benedict 试剂是 Fehling 试剂的改良试剂，柠檬酸钠-碳酸钠形成缓冲体系，溶液中 $OH^-$ 浓度低，氢氧化铜沉淀不易析出，该试剂可长期保存。当糖分子中存在游离的醛基、酮羰基(可经过烯醇化转化为醛基)或半缩醛结构(可开环游离出醛基)时，均可与 Benedict 试剂呈正性反应，因而统称为还原性糖。所有的单糖都是还原性糖。不能与 Benedict 试剂反应的糖则统称为非还原性糖。双糖因糖苷键的位置不同而不同，分子中仍保留有半缩醛结构的双糖(如麦芽糖)为还原性糖，不存在这种结构的双糖(如蔗糖)不能游离出羰基，属非还原性糖。硫醇、硫酚、肼、氢化偶氮、羟胺等类化合物可对本试验形成干扰。脂肪族醛、α-羟基酮在本试验中呈正性反应，而芳香醛却不与 Benedict 试剂反应，所以本试验也常用以区别脂肪醛和芳香醛。

**3. Tollens 试验**

用 1 mL 5%硝酸银溶液制成 Tollens 试剂，加入 0.5 mL 5%的样品糖溶液，在 50℃水浴中温热，若能生成银镜，表明样品为还原性糖。

本试验的相关反应、试验原理及注意事项均参看醛和酮的鉴定。

**4. Fehling 试验**

参照醛和酮的鉴定方法配制 Fehling A 和 Fehling B 溶液。取 A，B 两种溶液各 0.5 mL 在试管中混匀，再加入 5 滴 5%的样品溶液，在沸水浴中加热 2~3 min，若有红色或黄绿色沉淀生成，表明样品为还原性糖。

**5. 成脎试验**

往试管中加入 1 mL 5%的样品溶液，再加入 0.5 mL 10%的苯肼盐酸盐溶液和 0.5 mL 15%的乙酸钠溶液，在沸水浴中加热并振摇，记录并比较形成结晶所需要的时间。若 20 min 仍无结晶析出，取出试管慢慢冷到室温再观察。用宽口滴管移取一滴含有脎的悬浮液到显微镜的载片上，用显微镜观察脎的晶形并与已知的糖脎作比较(图 3-1)。

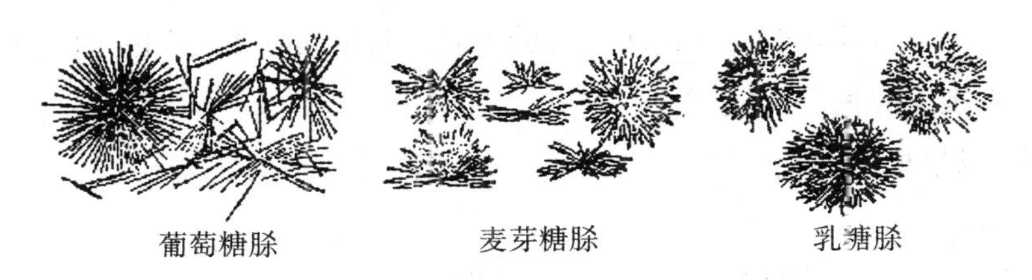


图 3-1　葡萄糖脎、麦芽糖脎、乳糖脎的晶形

相关反应：

D-葡萄糖：CHO；—OH；HO—；—OH；—OH；$CH_2OH$

[ D-甘露糖：CHO；HO—；HO—；—OH；—OH；$CH_2OH$　或　D-果糖：$CH_2OH$；=O；HO—；—OH；—OH；$CH_2OH$ ]

$\xrightarrow{\text{过量 } C_6H_5NHNH_2}$　CH=NNH—$C_6H_5$；=NNH—$C_6H_5$；HO—；—OH；—OH；$CH_2OH$

试验原理及注意事项：还原性糖能与过量的苯肼作用生成脎，糖脎是不溶于水的黄色晶体。不同的糖脎，其晶形、熔点及生成速度大多不同，所以可通过成脎试验区别不同的还原性糖。由于成脎反应是发生在 $C_1$ 和 $C_2$ 上，不涉及糖分子的其他部分，所以 D-葡萄糖、D-果糖和 D-甘露糖能生成相同的脎。但由于成脎的速度不同，仍然是可以区别的。还原性双糖(如麦芽糖)也能成脎，但它们的脎可溶于热水，所以需冷却后才能析出结晶。非还原性双糖(如蔗糖)不能成脎，若长时间加热则会水解而生成单糖的脎。

苯肼有较高毒性，取用时勿触及皮肤。若已发生皮肤沾染，先用稀醋酸洗，再用清水洗净。

**6. Seliwanoff 试验(间-苯二酚试验)**

间-苯二酚盐酸试剂的配制：0.05 g 间-苯二酚溶于 50 mL 浓盐酸中，再用水稀释至

100 mL。

鉴定操作：在试管中加入 5 滴 5%的样品溶液，再加入 1 mL 间-苯二酚盐酸试剂，在沸水浴中加热，记录溶液转变为红色所需要的时间。若溶液在 1~2 min 内变为红色，说明样品为酮糖，否则为醛糖。

相关反应(以果糖为例)：

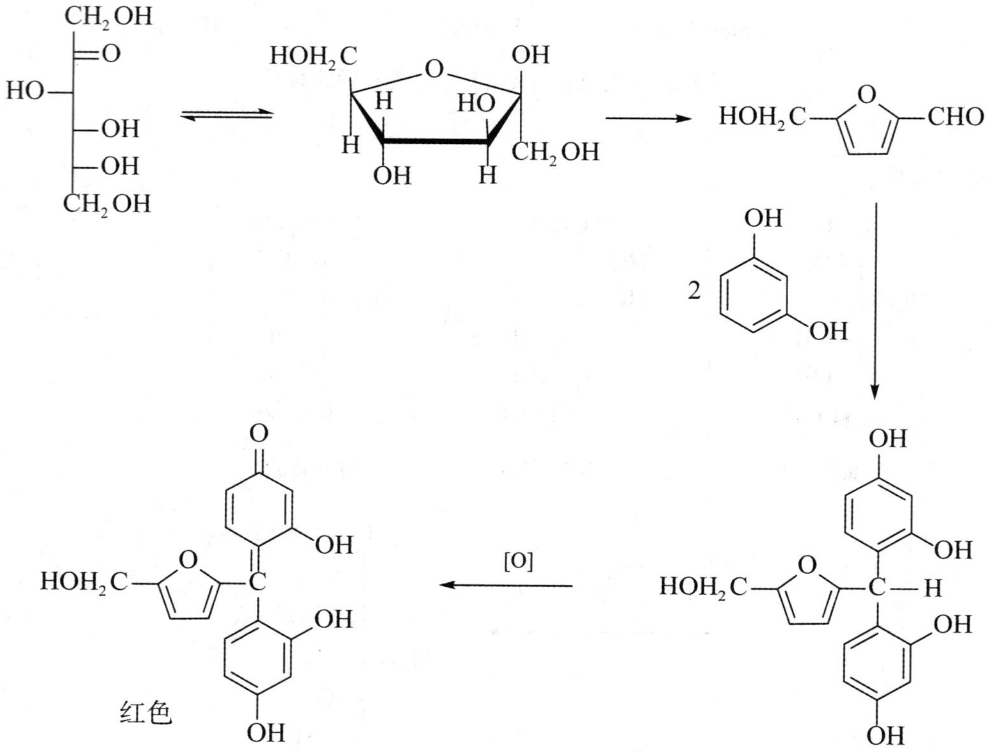

红色

试验原理与注意事项：酮糖在酸作用下失水生成 5-羟甲基呋喃甲醛，它与间-苯二酚反应产生红色化合物，反应一般在半分钟内完成并使溶液变为红色。醛糖形成羟甲基呋喃甲醛较慢，只有在样品浓度较高或加热时间较长时才能出现微弱的红色反应。双糖如能水解出酮糖，也会有正性反应。

**7. 淀粉的水解**

往试管中加入 1 mL 淀粉溶液，滴入 3~4 滴浓硫酸，在沸水浴中加热 5 min，冷却后用 10%的氢氧化钠溶液中和至呈中性，取数滴做 Benedict 试验。若有红色或淡黄色沉淀生成，表明淀粉已水解为葡萄糖。用未经水解的淀粉溶液作对比。

试验原理：淀粉是由多个葡萄糖单元以 $\alpha$-糖苷键连接而成的多糖，无还原性。在酸或淀粉酶作用下水解成葡萄糖而表现出还原性。

# 3.10 氨基酸和蛋白质的鉴定

蛋白质是由各种氨基酸按照不同的顺序缩聚而成的分子量巨大的聚合物，在酸、碱存在下或受酶的作用，可水解为分子量较小的多肽，水解的最终产物是各种氨基酸，其中以$\alpha$-氨基酸为主。氨基酸的鉴定以纸层析较为方便，此处只介绍鉴定蛋白质的两类常用的化学方法。

试验中所用的清蛋白溶液按以下方法制取：取鸡蛋一个，两头各钻一小孔，竖立，让蛋清流到烧杯里，加水 50 mL，搅动。蛋清中的清蛋白溶解于水，而球蛋白则呈絮状沉淀析出。在漏斗上铺 3～4 层纱布，用水湿润，将蛋白质过滤。大部分球蛋白被滤除，滤液中主要是清蛋白，供试验用。

**1. 蛋白质的颜色反应**

1）茚三酮试验

将 0.1 g 茚三酮溶解于 50 mL 水中即制得茚三酮溶液（配制后两天内使用，久置会失效）。往试管中加入 1 mL 样品溶液，再滴入 2～3 滴茚三酮溶液，在沸水浴中加热 10～15 min，产生紫红色或紫蓝色表明样品为蛋白质或$\alpha$-氨基酸或多肽。

相关反应：

$$2\ \text{水合茚三酮} \xrightarrow[(-CO_2,\ -3H_2O,\ -RCHO)]{R-CH(NH_2)-COOH} \text{紫红色}$$

水合茚三酮　　　　紫红色

适用范围：氨、铵盐及含有游离氨基的化合物（如伯胺）均有此颜色反应。蛋白质、多肽和一般的氨基酸都可用本试验检出，但脯氨酸和羟脯氨酸因氮原子上另有取代基，无此颜色反应。

2）黄蛋白试验

往试管中加入 1 mL 清蛋白溶液，滴入 4 滴浓硝酸，出现白色沉淀。将试管置水浴中加热，沉淀变为黄色。冷却后滴加 10%氢氧化钠溶液或浓氨水，黄色变为更深的橙黄色，表明蛋白质中含有酪氨酸、色氨酸或苯丙氨酸。

试验原理与相关反应：试验中蛋白质首先被无机酸沉淀（白色）。其次，在加热条件下，带有苯环的蛋白质与硝酸发生硝化反应，使蛋白质变性，生成黄色的芳香硝基化合物。该产物在碱性条件下颜色进一步加深，生成橙黄色的硝醌衍生物。以酪氨酸为例，酚羟基使苯环活化，黄蛋白反应较容易进行，反应如下：

$$\text{酪氨酸残基}\xrightarrow[\triangle]{HNO_3}\text{硝基酪氨酸残基（黄色）}\xrightarrow{NaOH}\text{邻醌肟钠盐（橙黄色）}$$

3）双缩脲试验

在试管中加 10 滴清蛋白溶液和 15~20 滴 10%氢氧化钠溶液，混匀后加入 3~5 滴 5%的硫酸铜溶液。摇动，有紫色出现，表明蛋白分子中有多个肽键。

试验原理：脲加热至熔点以上，两分子间脱去一分子氨生成双缩脲，也称缩二脲，结构为：

$$H_2N-\overset{\overset{O}{\|}}{C}-NH-\overset{\overset{O}{\|}}{C}-NH_2$$

双缩脲在碱性溶液中能与硫酸铜反应生成鲜红色络合物，此反应称为双缩脲反应。蛋白质、多肽分子中含有两个以上类似的结构单元（肽键），也能与二价铜离子形成有色络合物。二肽、三肽和四肽在本试验中分别表现出蓝色、紫色和红色。蛋白质和多肽生成的络合物显紫色，可能是这几种颜色混杂的结果。氨基酸因不含肽键而无此反应，所以本试验可区别氨基酸和蛋白质。

除蛋白质和多肽以外，$H_2NCO—CONH_2$，$H_2NCOCH_2CONH_2$及一些含有一个肽键和—$CS—NH_2$，$—CH_2—NH_2$，$—(R)CH—NH_2$，$—CH(OH)CH_2NH_2$等基团的化合物也有双缩脲反应。

4）硝酸汞试验（Millen 反应）

硝酸汞溶液的配制：将 1 g 金属汞溶于 2 mL 浓硝酸中，用两倍水稀释，放置过夜，过滤。滤液中含有汞、硝酸汞、硝酸亚汞，此外还含有过量的硝酸和少量亚硝酸。

鉴定操作：取 2 mL 清蛋白溶液于试管中，加入硝酸汞溶液 2~3 滴，有白色沉淀析出。用沸水浴加热，白色絮状沉淀聚成块状并显砖红色或粉红色。表明蛋白质中含有酪氨酸或（和）色氨酸。

试验的原理及适用范围：Millen 试剂能与单酚、双酚及吲哚衍生物发生颜色反应，这些反应最初产生的有色物质可能是酚的亚硝基衍生物，经互变异构后成为颜色更深的邻醌肟，最终形成红色稳定产物。该反应不能用来测定尿中的蛋白质，试剂中的汞离子能被尿、无机盐所沉淀，使试剂失效。

**2. 蛋白质的沉淀反应**

蛋白质的水溶液是一种比较稳定的亲水胶体，这是因为蛋白质颗粒表面带有的极性基团和水有高度亲和性，当蛋白质与水相遇时，就很容易被蛋白质吸住，在蛋白质颗粒外面形成一层水膜(又称水化层)。水膜的存在使蛋白颗粒相互隔开，颗粒之间不会碰撞而聚成大颗粒。蛋白质能形成较稳定的亲水胶体的另一个原因，是因为蛋白质颗粒在非等电状态时带有相同电荷，使蛋白质颗粒之间相互排斥，保持一定距离，不致相互凝集沉淀。因此，蛋白质由于带有电荷和水膜，在水溶液中可形成稳定的胶体。如某些物理化学因素破坏了蛋白质的水膜或中和了蛋白质的电荷，则蛋白质胶体溶液就不稳定而出现沉淀现象。

促使蛋白质沉淀的因素很多，大致可分为两类：第一类是可逆的沉淀反应。这时蛋白质的内部结构未受到很大改变，除去沉淀因素后，可以重新溶解，例如盐析沉淀蛋白质。第二类是不可逆的沉淀反应，重金属盐类或生物碱试剂沉淀蛋白后，由于蛋白质的结构发生重大改变，所以不再溶于水中。不可逆的蛋白质沉淀多表示蛋白质已经变性。

1)蛋白质的可逆沉淀试验

试验原理：碱金属盐和镁盐在相当高的浓度下能使许多蛋白质从它们的溶液中沉淀出来，这种作用称为盐析作用。硫酸铵的盐析作用特别显著。盐析作用的机制可能是蛋白质分子所带的电荷被中和，或者是蛋白质分子被盐脱去水化膜而沉淀出来。在盐析作用中，蛋白质分子的内部结构未发生显著变化，基本保持了原有的性质，当除去造成沉淀的因素后，蛋白质沉淀又可溶解于原来的溶剂中，因而称为可逆沉淀。硫酸铵在中性或弱酸性溶液中都可沉淀蛋白质，其他的盐则需要使溶液呈酸性时才能使蛋白质沉淀完全。用同一种盐沉淀不同的蛋白质所需的浓度是不同的，因而可以进行蛋白质的分级盐析。例如，向含有球蛋白和清蛋白的鸡蛋白溶液中加硫酸铵至半饱和，球蛋白析出，除去球蛋白后继续加硫酸铵至饱和，清蛋白析出。本试验所用蛋白质溶液已经除去了球蛋白，所以只是清蛋白的盐析。

2)蛋白质的不可逆沉淀试验

(1)重金属沉淀蛋白质。取1 mL清蛋白溶液于试管中，加入2滴1%硫酸铜溶液，立即产生沉淀。继续逐滴滴加过量(2~3 mL)的硫酸铜溶液，沉淀又溶解。另取两支试管，分别用0.5%醋酸铅、2%硝酸银溶液代替硫酸铜溶液进行试验，观察加入过量的硫酸铜和醋酸铅溶液的试管与硝酸银的试管有何异同?

试验原理：蛋白质遇到重金属盐发生不可逆沉淀，生成难溶于水的化合物。加热、无机酸(如硫酸、硝酸、盐酸)、有机酸(如三氯乙酸、磺基水杨酸等)、振荡、超声波等因素都可能使蛋白质发生不可逆沉淀。当重金属中毒时，可用蛋白质作解毒剂，就是利用了不可逆沉淀原理。在本试验中，硫酸铜或醋酸铅所形成的蛋白质沉淀又溶解于过量的沉淀剂中，这是因为沉淀粒子上吸附的离子与过量沉淀剂作用的结果，而不是蛋白质的溶解。

如无过量的沉淀剂，即使用大量水稀释也不会溶解。蛋白质大分子上含有很多含硫基团，与金属银配位的几个硫原子，可以是同一蛋白分子内部的，也可以是不同蛋白质分子之间的，因硫原子和金属离子在蛋白分子内外的交互配位，可以形成由很多个蛋白质分子交联在一起的超级大分子而沉淀。配合物的形成使蛋白质二硫键被破坏、高级结构解体、蛋白质变性。所形成的变性蛋白配合物，或称硫化蛋白质金属复盐，其结构紧密、稳定，不会因稀释或者沉淀剂过量而溶解。

(2)苦味酸沉淀蛋白质。将 1 mL 蛋白质溶液和 4~5 滴 1%醋酸溶液在试管中混合，再加入 5~10 滴饱和苦味酸溶液，观察是否有沉淀析出。

试验原理：蛋白质可与生物碱试剂(如苦味酸、鞣酸等)结合形成不溶性的复合物而沉淀析出。在溶液的 pH 值小于蛋白质的等电点时，带正电荷的蛋白质与生物碱试剂的负离子结合成盐而沉淀。

# 第四部分　基础实验

## 实验1　工业乙醇的简单蒸馏

### 一、实验目的

1. 掌握简单蒸馏初步纯化工业乙醇的原理和方法。
2. 掌握简单蒸馏的仪器选择、装置安装及操作方法。

### 二、实验简介

工业乙醇因来源和制造厂家的不同，其组成不尽相同，其主要成分为乙醇和水，除此之外一般含有少量低沸点杂质和高沸点杂质，还可能溶解有少量固体杂质。通过简单蒸馏可以将低沸物、高沸物及固体杂质除去，但水可与乙醇形成共沸物(沸点78.1℃)，故不能将水和乙醇完全分开。蒸馏所得的是含乙醇95.6%和水4.4%的混合物，相当于市售的95%乙醇。若要制得无水乙醇，需用生石灰、金属钠或镁条法等化学方法。

严格来讲，物质的沸点并不是一个点，而是一个温度区间，也就是说物质是在一定的温度范围内沸腾的。而相应的区间温度之差称为沸程。在一定压力下，纯液态物质有固定沸点，沸程很小，仅0.5~1.5℃。含有杂质时，沸点就会有所变化，同时沸程增大。对于不形成共沸物的混合物，则没有固定的沸点，或者说混合物的沸程较大，例如石油醚的沸程为30~60℃或60~90℃。因此通过沸点的测定，可定性鉴定液态物质的纯度。

实验前请先阅读第二部分中的“简单蒸馏”相关内容。

### 三、实验步骤

**1. 仪器安装**

选用50 mL圆底烧瓶作为蒸馏瓶，加入磁子并在磁力搅拌器上试转灵活后，按照图2-

8所示的装置装配仪器：按照先从热源（电热套磁力搅拌器）开始，由下向上、自左向右依次安装蒸馏瓶（烧瓶颈部用垫有橡皮圈的铁夹夹紧）、蒸馏头、温度计、直形冷凝管（冷凝管中部用铁夹夹住，不能过紧或过松。同时接好进、出水口处的橡皮管）、尾接管、接收瓶（如悬空可用小木块或升降台垫起）。注意各仪器接头处要对接严密，确保不漏气，同时又要使磨口不受侧向应力。安装好的实验装置应竖直、稳固、装置轴线与实验台边沿平行。

**2. 加料**

拔下温度计，放上长颈三角漏斗。通过三角漏斗小心注入30 mL工业乙醇（漏斗下口应低于蒸馏头支管口处，以免液体流入冷凝管中）。取下三角漏斗，重新装上温度计。

**3. 接通冷却水**

手握橡皮管出水口处，小心开启冷却水（注意水流方向应自下向上），使冷凝管夹套内充满冷却水并有适当的进出水速度，最后将出水橡皮管放入水槽内。

**4. 加热蒸馏**

打开电源，搅拌、加热。加热一段时间后，瓶中液体开始沸腾并产生气雾。当气雾上升至开始接触温度计的水银球时，温度计的读数会迅速上升，此时应及时调节加热强度使沸腾不致太激烈（如果加热过猛，蒸气过热，温度计读数会偏高，而且也影响分离效果）。调节加热强度使气雾缓缓上升，当水银球全部浸在气雾中并有冷凝的液滴顺温度计滴下时，此时通常会有液体开始馏出，控制此后的加热强度以使尾接管下部每秒钟滴下1～2滴液体为宜。记下馏出第一滴液体时的温度，此时的温度通常低于预期的沸点，这一般是由液体中溶解的少量挥发性杂质引起的。待“前馏分”出完，温度会上升至沸点附近并趋于稳定。如果前馏分太少，当温度升至沸点附近，尚未有馏出物滴入接收瓶，则应将最初的四五滴液体当作前馏分处理。

当“前馏分”出完，温度趋于稳定时，换上一个已经称过重量的洁净干燥的接收瓶，并记下此时的温度，开始接收“正馏分”，这时接收到的即是较纯净的液体组分。继续加热，待蒸馏瓶中只剩下少量液体时（不宜将液体蒸干），停止蒸馏，并记下温度计的读数。

**5. 停止蒸馏、拆除装置**

蒸馏结束，首先关闭电源，再将搅拌和加热旋钮调到最小位置，最后移走热源。稍冷，待烧瓶口无明显蒸气时关闭冷却水，取下接收瓶放置稳妥，再按照与安装时相反的次序拆除装置，清洗仪器。

将接收到的正馏分称重并计算回收率。

本实验约需2 h。

# 实验 2　熔点测定和温度计的校正

## 一、实验目的

1. 了解熔点测定的作用。
2. 掌握提勒管法测定熔点的操作方法。
3. 了解利用标准物的熔点测定校正温度计的方法。

## 二、实验简介

当测定晶体化合物的熔点时，是使用标准的或经过校正的温度计来测量物质处于固-液相平衡时的温度；而校正温度计时则是选用标准的、纯净的晶体化合物，相信它们的熔融温度符合文献记载的标准数据，观察它们处于固-液相平衡时温度计的读数，计算其与标准数据的偏差，绘出校正曲线。校正温度计所用的标准样品列于表 4-1 中。

表 4-1　**用于校正温度计的标准样品**

| 样品名称 | 纯度 | 标准熔点/℃ |
|---|---|---|
| 蒸馏水-冰 * | | 0 |
| 苯甲酸苯酯 | A. R. | 69 |
| 间-二硝基苯 | A. R. | 90 |
| 苯甲酸 | A. R. | 122. 5 |

* 零点的测定最好用蒸馏水和纯冰的混合物。在一个 15 cm×2. 5 cm 的试管中放置蒸馏水 20 mL，将试管浸在冰盐浴中至蒸馏水部分结冰，用玻璃棒搅动使之成冰-水混合物，将试管自冰-盐浴中取出，然后将温度计插入冰水中，轻微搅动混合物，到温度恒定 2~3 min 后读数。

实验前请先阅读第二部分中的“晶体化合物的熔点测定”相关内容。

## 三、实验步骤

### 1. 测定操作

选用量程为 150℃的温度计，以浓硫酸作载热液，用提勒管法从熔点最低的样品开始测定，逐个测完所选的样品。每个样品测 2~3 次，每次以初熔点与全熔点的平均值为熔点，再将各次所测熔点的平均值作为该样品的最终测定结果，并将所有数据记入表 4-2 中。

**2. 绘制温度计校正曲线**

以测定结果( $T_{平均}$ )为纵坐标，以其与表 4-1 所列的标准熔点数据的偏差值为横坐标，描出相应的点，绘出温度计校正曲线。

**3. 测定或鉴定未知样品**

领取一个未知的晶体化合物样品，先粗测一次，确定大致的熔点范围，然后像已知样品那样仔细测定 2~3 次，取平均值。最后将所得结果用自己绘制的温度计校正曲线校正，求出其真实熔点。

本实验需 3~4 h。

表 4-2　**熔点测定数据**

| 样　品 | 测定次数 | $T_{初熔}$ | $T_{全熔}$ | $\Delta T^{*}$ | $T_{熔点}$ # | $T_{平均}$ |
|---|---|---|---|---|---|---|
| 蒸馏水-冰 | 1 | / | / | / | | |
| | 2 | / | / | / | | |
| | 3 | / | / | / | | |
| 苯甲酸苯酯 | 1 | | | | | |
| | 2 | | | | | |
| | 3 | | | | | |
| 间-二硝基苯 | 1 | | | | | |
| | 2 | | | | | |
| | 3 | | | | | |
| 苯甲酸 | 1 | | | | | |
| | 2 | | | | | |
| | 3 | | | | | |

* $\Delta T = T_{全熔} - T_{初熔}$

\# $T_{熔点} = (T_{初熔} + T_{全熔})/2$

# 实验 3　工业苯甲酸粗品的重结晶

## 一、实验目的

1. 掌握以水为溶剂重结晶纯化工业苯甲酸的原理和方法。

2. 熟悉和掌握固体溶解、减压热过滤、减压过滤、固体的干燥等基本操作。

## 二、实验简介

苯甲酸又称安息香酸，结构简式为 $C_6H_5COOH$，是苯环上的一个氢被羧基(-COOH)取代形成的产物。苯甲酸是具有苯或甲醛气味的鳞片状或针状结晶，熔点 122.5℃。微溶于水，易溶于乙醇、乙醚等有机溶剂。在水中溶解度(g / 100 mL)：0.21(17.5℃)、0.35(25℃)、2.2(75℃)、2.7(80℃)、5.9(100℃)。苯甲酸常作为药物或防腐剂来使用，有抑制真菌、细菌生长的作用。

工业苯甲酸一般由甲苯氧化得到，其粗品中常含有未反应的原料、中间体、催化剂、不溶性杂质和有色杂质等，因而呈棕黄色块状并带有难闻的怪气味。实验室也可由苯甲醛经坎尼扎罗反应来制备苯甲酸。

苯甲酸在热水中溶解度高，而在冷水中溶解度低，所以可以以水为溶剂用重结晶法对工业苯甲酸进行纯化。

实验前请先阅读第二部分中的“重结晶”相关内容。

## 三、实验步骤

**1. 溶样**

称取 1 g 工业苯甲酸粗品，置于 100 mL 烧杯中，加水约 25 mL，放在封闭电炉上加热并用玻璃棒不断搅动，观察溶解情况。如果加热至水沸腾后，仍有不溶性固体，可补加适当水直至沸腾下可以基本溶或全溶。然后再补加 5~10 mL 水并加热至沸，总用水量约 40 mL。与此同时将布氏漏斗放在一个大烧杯中加水煮沸预热。

**2. 脱色**

暂停对溶液加热，稍冷后加入半匙活性炭，搅拌使之分散开。重新加热至沸并煮沸 2~3 min。在煮沸过程中，应注意补加适量水，以保持溶液体积。

**3. 减压热过滤**

取出预热的布氏漏斗，立即放入事先选定的略小于漏斗底面的圆形滤纸，迅速安装好抽滤装置，以数滴沸水润湿滤纸，开泵抽气使滤纸紧贴漏斗底。将热溶液倒入漏斗中，每次倒入漏斗的液体不要太满，也不要等溶液全部滤完再加。在热过滤过程中，应保持溶液的温度，为此，将未过滤的部分继续用小火加热，以防冷却。待所有的溶液过滤完毕后，用少量沸水洗涤漏斗和滤纸。

**4. 冷却结晶**

滤毕，立即将滤液转入 100 mL 烧杯中并用表面皿盖住杯口，室温下静置、冷却。待温度降至室温并有晶体析出时，再用冰水冷却 15 min 以使结晶完全。(如果抽滤过程中晶体已在滤瓶中或漏斗尾部析出，可将晶体一起转入烧杯中，将烧杯放在电炉上温热溶解后再放在室温下冷却结晶。)

**5. 滤集晶体**

结晶完成后，用布氏漏斗抽滤，收集晶体。待母液抽干后，打开安全瓶上的活塞，停止抽气，加约 2 mL 冰水于布氏漏斗中(洗涤晶体)，再抽气。待抽干后，用玻璃塞将晶体压紧，再抽气 2~3 min 尽量将水分除去。最后将结晶转移到表面皿上，摊开，室温晾干或在红外灯下烘干。

**6. 称重、测定熔点**

待充分干燥后称重、计算产率。测定熔点，并与粗品的熔点作比较。

本实验约需 3 h。

# 实验 4　乙醇-水混合溶剂重结晶粗萘

## 一、实验目的

1. 掌握以乙醇-水混合溶剂重结晶纯化粗萘的原理和方法。
2. 熟悉和掌握回流、常压热过滤、减压过滤、固体的干燥等基本操作。

## 二、实验简介

萘是一种白色、易挥发并有特殊气味的晶体，熔点 80. 5℃，不溶于水，易溶于乙醇和乙醚等有机溶剂。萘可以从煤焦油中分离得到，主要用于生产邻苯二甲酸酐、染料中间体、橡胶助剂和杀虫剂(常用于制造卫生球)等。

本实验是用固定配比的乙醇-水混合溶剂对粗萘进行重结晶，以保温漏斗和折叠滤纸进行热过滤，目的在于初步实践非水溶剂重结晶的操作。

实验前请先阅读第二部分中的“重结晶”相关内容。

## 三、实验步骤

**1. 溶样**

在 50 mL 圆底烧瓶中加入磁子，放入 2 g 粗萘，加入 70%乙醇 15 mL，装上球形冷凝管。开启冷凝水，搅拌加热，回流数分钟，观察溶解情况。如不能全溶，用滴管自冷凝管上口缓缓加入 70%乙醇约 1 mL，继续加热回流，观察溶解情况。如仍不能全溶，则依前法重复补加 70%乙醇直至恰能完全溶解，再补加 2~3 mL。

**2. 脱色**

停止搅拌和加热，移走热源。待烧瓶口无明显蒸气时，拆下冷凝管，自瓶口加入少量活性炭并将瓶口擦干净。重新装上冷凝管，搅拌加热，回流2~3 min。

**3. 常压热过滤**

在图2-26所示的保温漏斗中加满水，然后倒出少许，将漏斗安置在铁圈上。在保温漏斗内放置短颈的玻璃三角漏斗和折叠滤纸。在图示位置加热至水沸腾。熄灭灯焰，立即用少量热的70%乙醇润湿滤纸，趁热将前步制得的沸腾的粗萘溶液注入滤纸内，以50 mL锥形瓶接收滤出液，并在漏斗上口加盖表面皿以防溶剂过多挥发。

**4. 冷却结晶**

滤完后，塞住锥形瓶口待自然冷却至接近室温后，再用冰水冷却15 min。

**5. 滤集晶体**

待结晶完全后用布氏漏斗抽滤，用1~2 mL冷的70%乙醇洗涤晶体，待抽干后，用玻璃塞将晶体压紧，再抽气2~3 min尽量将溶剂除去。最后将晶体转移到表面皿上，在空气中晾干。

**6. 称重、测定熔点**

待充分干燥后称重、计算产率。测定熔点，并与粗品的熔点作比较。

本实验需3 h。

# 实验5 叔氯丁烷的制备

## 一、实验目的

1. 掌握由叔丁醇制备叔氯丁烷的原理和方法。
2. 熟悉和掌握分液漏斗的使用和操作方法。
3. 掌握萃取(洗涤)、液体粗产物的干燥和蒸馏纯化等操作。

## 二、实验简介

卤代烃是一类重要的有机合成中间体，是许多有机合成的原料，它能发生许多化学反应，如取代、消除反应等。

卤代烃可以通过烷烃的卤代反应，烯、炔烃的亲电加成反应，醇的亲核取代反应，芳香烃的亲电取代等合成。实验室制备卤代烃最常用的方法是将结构对应的醇通过亲核取代反应转变为相应的卤代物。

本实验利用叔丁醇与浓盐酸反应来制备叔氯丁烷，是叔碳原子上 $S_N1$ 亲核取代反应的典型代表之一。由于反应易于进行，仅在分液漏斗中振摇使反应物充分接触即可完成。化学反应方程式如下：

$$(CH_3)_3C-OH + HCl \longrightarrow (CH_3)_3C-Cl + H_2O$$

叔丁醇是具有樟脑香味的液体，沸点 82.3℃，易溶于水、乙醇和乙醚。叔氯丁烷为无色透明液体，沸点 51~52℃，能与乙醇、乙醚相混溶，难溶于水。由于叔氯丁烷与叔丁醇的水溶性和沸点相差较大，据此可以分离提纯叔氯丁烷。

实验前请先阅读第二部分中的“萃取”相关内容。

## 三、实验步骤

**1. 粗产物的制备**

将 20 mL 化学纯的浓盐酸（$d$=1.18）[1]加入 60 mL 分液漏斗中，再将 6 g 叔丁醇（7.6 mL，0.08 mol）[2]加入其中，不塞顶塞，轻轻旋摇 1 min，然后塞上顶部塞子，按照图 2-36 所示方法将漏斗倒置，打开活塞（或旋塞）放气一次。关闭活塞，轻轻旋摇后再打开活塞放气。重复操作直至漏斗中不再有大量气体产生时可用力振摇。摇振约 5 min，最后一次放气后将漏斗放到铁圈上（图 2-36），静置使液体分层清晰。

**2. 粗产物分离**

用一支盛有 1 mL 清水的试管接在分液漏斗下部，打开漏斗顶塞，小心旋转下部活塞将 2~3 滴下层液体滴入试管中，振荡试管后静置，观察试管内液体是否分层，并据以判断漏斗中哪一层液体是水层，哪一层是有机层[3]。将水层从分液漏斗中分离出来[4]。

**3. 粗产物洗涤、干燥、蒸馏**

依次用 6 mL 水、6 mL 5%碳酸氢钠溶液[5]、6 mL 水洗涤漏斗中的有机层，直至对湿润的石蕊试纸呈中性。最后一次，分尽水层，并将有机层（粗产物）转移到一干燥的小锥形瓶中，加入约 2 g 无水 $CaCl_2$[6]，轻轻旋摇之后，塞住瓶口干燥 10~15 min。待液体澄清后滤入 25 mL 蒸馏瓶中，水浴加热蒸馏（图1-4），收集 49~52℃馏分[7]。

本实验需 3~4 h。

**［注释］**

[1]化学纯浓盐酸能获得良好结果。不可用工业盐酸。

[2]叔丁醇熔点 25℃，沸点 82.3℃，常温下为黏稠液体。为避免黏附损失，最好用称

量法取料。若温度较低，叔丁醇凝固，可用温水浴熔化后取用。

[3]如果下层液体与水混溶，则说明下层液体是水层，上层液体为有机层；反之，如果下层液体与水分层，则说明下层液体是有机层，上层液体为水层。

[4]如果水层在下层，则可直接将水层从漏斗下部分出(分入烧杯中)。如果水层在上层，则应先将有机层从下部分出后(分入小锥形瓶中)，再将水层从上口倒出，最后再将有机层转移至漏斗中。

[5]用碳酸氢钠溶液洗涤时会产生大量气体，应先不塞塞子旋摇至不再产生大量气体时再塞上塞子，按正常洗涤方法洗涤，仍需注意及时放气。碱洗时不宜长时间剧烈摇振，以免乳化严重，难以分层。

[6]干燥剂无水$CaCl_2$既可以吸附水，也可以吸附未反应的醇。干燥剂用量的多少与干燥剂的种类及粒度等都有关。一般来说，以干燥剂无黏结、结团、附壁现象，同时以被干燥液体是否由浑浊变为清亮为标准，评判干燥剂的用量和干燥时间是否合适。

[7]产物沸点较低，蒸馏操作时注意将仪器各磨口对接严密，蒸出的产品也应及时塞住，以免挥发而造成损失。如果49℃以下的馏分较多，可将其重新干燥，再蒸馏。

# 实验6　乙酰苯胺的合成及重结晶(方法一)

## 一、实验目的

1. 掌握用乙酸作酰化试剂制备乙酰苯胺的原理和方法。
2. 掌握分馏的基本原理及分馏装置的安装和操作。
3. 进一步巩固重结晶的基本原理和操作方法。

## 二、实验简介

在有机合成上，芳胺的乙酰化常被用来“保护”氨基，以降低芳胺对氧化性试剂的敏感性，并适当降低芳环活性以便有利于单取代产物的生成。同时由于乙酰基的空间效应，往往选择性地生成对位取代产物。反应完成以后，再水解除去乙酰基。

乙酰苯胺是磺胺类药物的原料，可用作止痛剂、退热剂和防腐剂。制备乙酰苯胺可用芳胺与酰氯、酸酐或冰醋酸等试剂进行酰化反应。三种试剂的反应活性顺序为：$CH_3COCl > (CH_3CO)_2O > CH_3COOH$。采用酰氯或酸酐作为酰化剂，反应进行较快，但原料价格较贵。采用冰醋酸作为酰化剂，反应较慢，需要较长的反应时间，但价格便宜，操作方便，适用于规模较大的制备。

$$\text{C}_6\text{H}_5\text{—NH}_2 + \text{CH}_3\text{COOH} \xrightarrow{\triangle} \text{C}_6\text{H}_5\text{—NH—}\overset{\overset{\displaystyle O}{\|}}{\text{C}}\text{—CH}_3 + \text{H}_2\text{O}$$

苯胺与冰醋酸的反应是可逆反应，为防止乙酰苯胺的水解，提高产率，本实验采用了将反应物-醋酸过量并将生成物-水从反应中不断移出的方法，使平衡向右移动。因此，要求实验装置既能反应又能进行蒸馏。由于水与反应物冰醋酸(b. p. =117.9℃)的沸点相差不大，必须在反应瓶上装一个韦氏分馏柱，使水和醋酸的混合气体在分馏柱内进行多次气化和冷凝，减少醋酸蒸出，从而保证水的顺利蒸出。为此，一定要严格控制分馏柱柱顶温度在80~110℃。因为温度过低，水除不掉，反应不能很好进行；温度过高大量醋酸将会被蒸出。乙酰苯胺粗品中常含有未反应的原料、中间体、不溶性杂质和有色杂质等，可以水为溶剂用重结晶法纯化。

实验前请先阅读第二部分中的“分馏”和“重结晶”的相关内容。

## 三、实验步骤

### 1. 乙酰苯胺粗品的制备

(1)在25 mL圆底瓶中放入磁子，3.1 mL新蒸苯胺(3.16 g，0.034 mol)，5 mL冰乙酸(约5.3 g，0.084 mol)，搅拌均匀。在瓶口安装一支短的韦氏分馏柱，分馏柱上再装上蒸馏头，在蒸馏头的直口装温度计，斜口依次安装直形冷凝管和尾接管(图2-22)，用10 mL量筒代替接收瓶。

(2)加热圆底瓶，保持微沸状态约5 min后调节加热强度使气雾缓慢而平稳地上升，经历10~15 min升至柱顶，此后维持柱顶温度在80~110℃。约60 min后，反应生成的水及大部分乙酸已被蒸出，柱顶温度降至80℃以下，小量筒中积液2.5~2.7 mL，停止反应。

(3)将反应物趁热倒入25 mL冷水中，搅拌、冷却。待结晶完全后抽滤，用冷水洗去残酸，得粗品。

### 2. 粗品的重结晶纯化

(1)将乙酰苯胺粗品，置于250 mL烧杯中，加水约50 mL，放在封闭电炉上加热并用玻璃棒搅动，观察溶解情况。如至水沸腾仍有不溶性固体，可分批补加适当水直至沸腾温度下可以全溶或基本溶。然后再补加15~20 mL水，总用水量约80 mL。与此同时将布氏漏斗放在烘箱中预热。(注意：煮沸时若有少量油珠存在，不可认为是杂质而丢弃。油珠为未溶于水而已经融化了的乙酰苯胺，因其比重大于水而沉于器底，可补加少量热水并搅拌至全溶。)

(2)暂停加热，稍冷后加入半匙活性炭，搅拌使之分散开。重新加热并煮沸2~3 min。

(3)取出预热的布氏漏斗，立即放入滤纸，迅速安装好抽滤装置，以数滴沸水润湿滤纸，抽气使滤纸紧贴漏斗底。将热溶液倒入漏斗中，每次倒入漏斗的液体不要太满，也不要等溶液全部滤完再加。在热过滤过程中，应将未过滤的部分继续用小火加热，以防冷却。待所有溶液过滤完后，用少量沸水洗涤漏斗和滤纸。滤毕，立即将滤液转入 100 mL 烧杯中，室温下放置冷却结晶。如果抽滤过程中晶体已在滤瓶中或漏斗尾部析出，可将晶体一起转入烧杯中，将烧杯放在电炉上温热溶解后再在室温下放置，待自然冷却至接近室温后，再用冰水冷却 15 min 以使结晶完全。乙酰苯胺纯品为无色有闪光的小叶片状晶体。

(4)结晶完成后，用布氏漏斗抽滤，尽量除去母液。停止抽气，加 2~3 mL 冰水洗涤固体，然后重新抽干，如此重复 1~2 次。最后用玻璃塞将结晶压紧，抽气 2~3 min。

(5)将晶体转移到表面皿上，摊开，室温晾干或在红外灯下烘干。称重，计算产率。

(6)测定熔点，并与标准品(m. p. =114. 3℃)的熔点作比较。

本实验需 4~5 h。

# 实验 7　乙酰苯胺的合成及重结晶(方法二)

## 一、实验目的

1. 掌握用乙酸酐作酰化试剂制备乙酰苯胺的原理和方法。
2. 掌握重结晶的基本原理和操作方法。

## 二、实验简介

请参看实验 6。乙酸酐一般来说是比酰氯更好的酰化试剂，但是当用游离胺与纯乙酸酐进行酰化时，反应剧烈，常伴有二乙酰胺[$ArN(COCH_3)_2$]副产物的生成。

$$C_6H_5\text{—}NH_2 \xrightarrow{H_3C\text{—}CO\text{—}O\text{—}CO\text{—}CH_3} C_6H_5\text{—}NH\text{—}\overset{O}{\overset{\|}{C}}\text{—}CH_3 + CH_3COOH$$

往苯胺中加入盐酸后大部分苯胺生成苯胺盐酸盐，反应式如下：

$$C_6H_5\text{—}NH_2 + HCl \rightleftharpoons C_6H_5\text{—}\overset{+}{N}H_3Cl^-$$

此时只有少量的游离未成盐苯胺和乙酸酐进行反应，使得反应比较缓和，且随着反应的进行，平衡左移，使得反应一直在游离苯胺浓度较低的状态下进行，反应易控制，且减少了副反应的发生。加入醋酸钠可以将 HCl 中和掉，使得盐酸盐的可逆平衡反应向左进行，使反应彻底，提高产率。加入醋酸钠还可以和生成的醋酸组成醋酸-醋酸钠的缓冲溶液，调节溶液 pH 值。由于酸酐的水解速度比酰化速度慢得多，可以得到高纯度的产物。

实验前请先阅读第二部分中的“重结晶”的相关内容。

### 三、实验步骤

**1. 乙酰苯胺粗品的制备**

(1)在 100 mL 烧杯中加入 40 mL 5%的稀盐酸，在搅拌下，加入 2.5 mL 新蒸的苯胺(2.55 g，0.027 mol)，即得苯胺盐酸盐溶液。

(2)称取 5 g 乙酸钠(用于形成缓冲体系)置于 50 mL 烧杯中，加水 15 mL，溶解后加入苯胺盐酸盐溶液中，搅拌混合均匀。

(3)量取乙酸酐 3.5 mL(3.78 g，0.037 mol)，分三次加入上述溶液中，边加边搅拌，并将烧杯置于冰水中冷却，待白色片状结晶析出后(10~15 min)，减压过滤，用 5 mL 冰水洗涤晶体二次，压紧抽干，得乙酰苯胺粗品。

**2. 乙酰苯胺粗品的精制**

粗品的重结晶参考实验 6。

精制后的产品干燥，称重，测熔点。

本实验需 3~4 h。

## 实验 8 正溴丁烷的合成

### 一、实验目的

1. 掌握由正丁醇制备正溴丁烷的基本原理和方法。
2. 掌握加热回流、气体吸收装置和分液漏斗的使用。
3. 掌握萃取(洗涤)、干燥和蒸馏等操作。

### 二、实验简介

实验室制备卤代烷最常用的方法是将结构对应的醇通过亲核取代反应转变为卤代物。常用卤化试剂有卤化氢、三卤化磷、氯化亚砜。本实验是利用正丁醇与溴化氢反应来制备正溴丁烷。由于溴化氢是一种极易挥发的无机酸，有很强的刺激性。因此，本实验采用溴化钠与浓 $H_2SO_4$ 作用产生溴化氢直接参与反应，并在反应装置中加入气体吸收装置，吸收外逸的溴化氢，以免造成对身体的危害和环境的污染。该反应中，$H_2SO_4$ 既是制取溴化氢的反应物，又是反应的催化剂。溴化氢具有一定的还原性，硫酸浓度过高时不仅能将溴化氢氧化，也能使正丁醇脱水生成烯、醚，甚至碳化。硫酸浓度过低时，反应又不易进行。化学反应方程式如下：

主反应：

$$NaBr+H_2SO_4 \longrightarrow HBr+NaHSO_4$$

$$n\text{-}C_4H_9OH+HBr \xrightarrow{H_2SO_4} n\text{-}C_4H_9Br+H_2O$$

副反应：

$$2C_4H_9OHn\text{-} \xrightarrow{H_2SO_4} (n\text{-}C_4H_9)_2O+H_2O$$

$$n\text{-}C_4H_9OH \xrightarrow{H_2SO_4} CH_3CH=CHCH_3+CH_3CH_2CH=CH_2+H_2O$$

实验前请先阅读第二部分中“蒸馏”“萃取”“回流”的相关内容。

## 三、实验步骤

### 1. 正溴丁烷粗品的制备

(1)在 50 mL 圆底烧瓶中加入磁子和 5 mL 水，搅拌下用滴管滴加 7 mL 浓硫酸，并用冰水浴冷至室温后，再加入 4.6 mL 正丁醇(3.73 g，0.05 mol)[1]。将混合物搅匀后，最后加入 6.5 g 研细的溴化钠(0.063 mol)[2]。将瓶口擦干净，装上回流冷凝管，并在冷凝管上口安装气体吸收装置，如图 2-23c 所示[3]。

(2)搅拌、加热圆底烧瓶，当反应混合物开始沸腾时适当调小加热强度，维持平稳回流 30~40 min[4]。停止搅拌和加热，稍冷后拆下回流冷凝管，改用简单蒸馏装置重新加热[5]，将粗产物全部蒸出[6]。

### 2. 正溴丁烷粗品的精制

(1)将接收的馏出液移入分液漏斗中，用 5 mL 水荡洗接收瓶，洗出液也倒入分液漏斗中，摇振静置[7]，将下层粗产物分入一洁净、干燥的锥形瓶中。将粗产物转移至另一干燥的分液漏斗中，先用 3 mL 浓硫酸洗涤[8]，尽可能分净酸层。剩余的粗产物再依次用 3 mL 水、3 mL 饱和碳酸氢钠溶液、3 mL 水洗涤，最后一次将粗产物分入一洁净、干燥的小锥形瓶中，加入 1 g 无水氯化钙，塞住瓶口干燥 10~15 min。

②将干燥好的粗产物滤入 10 mL 圆底烧瓶中，投入几粒沸石(或加入磁子)，安装简单蒸馏装置(图 2-8)。打开加热设备蒸馏，收集 99~103℃的馏分，称重并计算产率。

纯的正溴丁烷为无色透明液体，b. p. 101.6℃，$n_D^{20}$ 1.4399。

本实验需 4~5 h。

[注释]

[1]正丁醇比较黏稠，量器器壁黏附较多，最好以称量增重法取用。

[2]如使用带结晶水的溴化钠($NaBr \cdot 2H_2O$)，可按换算量投放，并计减用水量。加料时如有溴化钠黏附在瓶口上，注意擦干净，以防气体从瓶口逸出。

[3]吸收液用水或稀碱。漏斗口不可全部没入水中，以防倒吸。

[4]一开始加热不要过猛，否则回流时反应混合物的颜色很快变深(橙黄或橙红色)，甚至会产生少量碳化。注意回流速度及冷凝管中气体的位置。

[5]注意在尾接管的支管处连接气体吸收装置。

[6]粗产物蒸完与否，可从以下三方面判断：①蒸馏瓶中的油层是否已经消失；②馏出液是否已由浑浊变为澄清；③用干净试管接几滴馏出液，加水摇动后观察其中有无油珠。

[7]此步粗产物应接近无色。如为红色则是由于浓硫酸的氧化作用产生了游离态的溴，可分去水层后用数毫升饱和亚硫酸氢钠溶液洗涤除去，然后进行下步操作。其反应为：

$$2NaBr+3H_2SO_4(\text{浓}) \longrightarrow Br_2+SO_2+2H_2O+2NaHSO_4$$

$$Br_2+3NaHSO_3 \longrightarrow 2NaBr+NaHSO_4+2SO_2+H_2O$$

[8]用浓硫酸洗去粗产物中少量未反应的正丁醇及副产物正丁醚，否则正丁醇会与正溴丁烷形成共沸物(沸点98.6℃，含正丁醇13%)，在后面的蒸馏中难以除去。

# 实验9　呋喃甲醛的水泵减压蒸馏

## 一、实验目的

1. 水泵减压蒸馏纯化久置的呋喃甲醛，为下步实验纯化原料。
2. 掌握减压蒸馏的基本原理及操作方法。

## 二、实验简介

呋喃甲醛，亦名糠醛，无色液体，沸点161.7℃，久置会被缓慢氧化为棕褐色甚至黑色，同时往往含有水分，所以在使用前常需蒸馏纯化。由于它易被氧化，最好采用减压蒸馏以便在较低温度下蒸出。

正确选择减压蒸馏的馏出温度是十分重要的。若温度过高，则起不到减压蒸馏的作用；若蒸出温度太低，其蒸气的冷凝液化又显得麻烦。最常选用的馏出温度一般在60～80℃，这样对热源要求不高(还可以很方便地使用水浴加热)，且蒸气的冷凝液化也不困难。用直尺从图2-11可以求出当呋喃甲醛的减压沸点为60～80℃时，所需的真空度为25 mmHg(3.33 kPa) ～ 60 mmHg(8.0 kPa)。普通水泵可以达到的真空度在夏季为30～40

mmHg，在冬季为 10~15 mmHg。因此可将馏出液温度选定在 75℃左右，相应的真空度约为 48 mmHg(6.40 kPa)，在这样的条件下蒸馏选用直形冷凝管冷却，温度计量程应高于 100℃。

实验前请先阅读第二部分中“减压蒸馏”的相关内容。

## 三、实验步骤

### 1. 安装装置

选用 100 mL 蒸馏瓶、磁子、150℃磨口温度计、直形冷凝管，双股尾接管，用 10 mL 和 50 mL 圆底瓶分别作为前馏分和正馏分的接收瓶，所有仪器都应洁净干燥。电热套加热，按照图 2-14 自下向上，自左向右地安装装置。各磨口对接处涂一薄层凡士林(或高真空硅脂)并旋转至透明。

### 2. 检漏密封

参照油泵减压蒸馏操作程序中检漏密封的方法操作。

### 3. 加料

在解除真空的条件下，取下温度计，通过三角漏斗加入待蒸馏的呋喃甲醛 50 mL。取下三角漏斗，重新装好温度计。

### 4. 调节和稳定工作压力

打开安全瓶上活塞，开启水泵后再缓缓关闭安全瓶上活塞。观察压力计的示数并计算系统的真空度。细心地调节安全瓶上的活塞，使系统内的压强值为 6.40 kPa(48 mmHg)并稳定下来。如果不能正好稳定在这个数值上，也可以在其附近的某个数值上稳定下来[1]。

### 5. 蒸馏和接收

待工作压力完全稳定后，开启冷凝水，打开电源，平稳搅拌并缓慢加热。当开始有液体馏出时，用 10 mL 圆底瓶接收前馏分[2]并调节加热强度使馏出速度为每秒钟不超过一滴。当温度上升至 75℃左右并稳定下来时，旋转双股尾接管，用 50 mL 圆底瓶接收正馏分，仍然维持馏出速度[3]，直至温度计的读数发生明显变化时停止蒸馏。如果温度计的读数一直恒定不变，则当蒸馏瓶中只剩下 5~6 mL 残液时也应停止蒸馏。

### 6. 结束蒸馏

移走热源，稍冷后关闭冷却水。缓缓打开安全瓶上活塞解除真空，然后关闭水泵。小心取下接收瓶并放置稳妥，再按照与安装时相反的次序依次拆除各件仪器，清洗干净。

### 7. 计量产品

计量正馏分的体积，计算呋喃甲醛的回收率。

本实验约需 2 h。

[注释]

[1]此时应重新求出该压强下的近似沸点以作为接收馏分的参考。

[2]如果刚开始出液时的温度即在预期沸点附近且很稳定，也应将最初接得的5~6滴液体作为前馏分舍去。

[3]如果蒸馏中途发生故障需要临时停顿，应先按照下步结束蒸馏的方法解除真空并停泵，排除故障后再重新开始蒸馏。如果已经发生了暴沸冲料，应将冲入接收瓶中的粗料倒回蒸馏瓶中重新开始蒸馏。如果发现泵水正在倒吸入安全瓶中，应立即打开安全瓶上活塞制止倒吸，然后排除故障。

## 实验10 呋喃甲醇和呋喃甲酸的制备

### 一、实验目的

1. 学习呋喃甲醛在浓碱条件下进行坎尼扎罗(Cannizzaro)反应制备呋喃甲醇和呋喃甲酸的基本原理和方法。

2. 进一步巩固蒸馏、萃取、减压过滤及重结晶等基本操作。

### 二、实验简介

在浓的强碱作用下，不含α-H的醛可以发生分子间自身氧化还原反应，一分子醛被氧化成酸，而另一分子醛则被还原为醇，此反应称为坎尼扎罗反应。呋喃甲醇和呋喃甲酸就是由呋喃甲醛经Cannizzaro反应制得的。

$$2\ \text{C}_4\text{H}_3\text{O}\text{—CHO} \xrightarrow[10\sim15^\circ\text{C}]{\text{NaOH(浓)}} \text{C}_4\text{H}_3\text{O}\text{—CH}_2\text{OH} + \text{C}_4\text{H}_3\text{O}\text{—COONa}$$

$$\text{C}_4\text{H}_3\text{O}\text{—COONa} \xrightarrow{\text{HCl}} \text{C}_4\text{H}_3\text{O}\text{—COOH}$$

在碱的催化下，反应结束后的产物为呋喃甲醇和呋喃甲酸钠盐。呋喃甲酸钠盐更易溶于水而呋喃甲醇则更易溶于有机溶剂，因此利用萃取的方法可以方便地使二组分分离。有机层通过蒸馏可得到呋喃甲醇，而水层通过盐酸酸化即可得到呋喃甲酸。

实验前请阅读第二部分中相关的基本操作内容。

## 三、实验步骤

**1. 粗产物的制备**

在 100 mL 烧杯中放置 4.1 mL 新蒸馏的呋喃甲醛(4.8 g，0.05 mol)，用冰水浴冷却。另将 2 g 氢氧化钠(0.05 mol)溶于 3 mL 水中，冰水冷却后用滴管缓缓滴加到呋喃甲醛中，边滴加边搅拌，控制温度在 10~15℃[1]。滴完后，继续搅拌数分钟，得一黄色浆状物，移出冰水浴，在室温下放置 40 min，其间需间歇搅拌并密切注意温度变化。如发现温度有迅速上升的趋势，应立即用冰水浴冷却并搅拌。如反应物变得十分黏稠而不能搅拌，则停止搅拌。

**2. 呋喃甲醇的分离和纯化**

向反应混合物中加入适量水，搅拌使固体恰能溶解[2]。将暗红色的反应混合物移入分液漏斗中，每次用 4 mL 乙醚萃取，共萃取 3 次，合并醚萃取液，用无水硫酸钠干燥 10 min(注意保留水层分离呋喃甲酸)。

将干燥好的醚溶液滤入一干燥的 25 mL 圆底烧瓶中，先用水浴加热蒸出乙醚后(图 1-4)，再改为一般的蒸馏装置(图 2-8，将直形冷凝管改为空气冷凝管)，继续加热蒸馏，收集 169~172℃馏分[3]。纯的呋喃甲醇为无色透明液体，b. p. 171℃。

**3. 呋喃甲酸的分离和纯化**

乙醚萃取后的水溶液，在搅拌下慢慢加入浓盐酸至 pH≈2[4]，充分冷却结晶，抽滤，用 1~2 mL 冰水洗涤，压紧抽干后，收集粗产物。粗产物可置于室温晾干。

如有必要，粗产物可用水重结晶纯化[5]。

纯的呋喃甲酸为白色单斜晶体，m. p. 133~134℃。

本实验需 5~6 h。

[注释]

[1]控制温度以使反应平稳进行。温度过高会使反应物颜色迅速变为深红色甚至黑色，在后步操作中难以分清液层；温度过低则不反应或反应甚慢，造成原料积累，一旦反应加速，温度将难以控制。控温的主要手段是控制滴加速度，必要时辅以冰浴冷却。如果已经发生了短时间(一两分钟内)的温度失控，只要迅速采取措施使其回到正常反应温度，仍可继续实验而不必重新投料。本实验也可采用反滴法，即将呋喃甲醛滴入氢氧化钠溶液中去，这样温度较易控制，收率相仿。由于反应是在油、水两相间进行的，必须充分搅拌以扩大接触面，防止局部过热。

[2]一般需 6~8 mL 水，如加水过多会损失部分产品。

[3]呋喃甲醇沸点较高，也可以水泵减压蒸馏纯化。

[4]酸要加足以保证呋喃甲酸充分析出，一般需 2. 5~3 mL 浓盐酸。

[5]重结晶呋喃甲酸可加少量活性炭脱色，注意加水不可过多、煮沸时间不能太长，否则产品损失较大。

# 实验 11 苯甲醇和苯甲酸的制备

## 一、实验目的

1. 学习苯甲醛在浓碱条件下进行坎尼扎罗(Cannizzaro)反应制备苯甲醇和苯甲酸的基本原理和方法。

2. 进一步巩固常压蒸馏、减压蒸馏、萃取、减压过滤及重结晶等基本操作。

## 二、实验简介

在浓的强碱作用下，不含 α-H 的苯甲醛发生坎尼查罗(Cannizzaro)歧化反应，生成一分子醇和一分子的酸，反应式如下：

$$2\,C_6H_5CH_2OH \xrightarrow[10\sim15℃]{NaOH(浓)} C_6H_5COONa + C_6H_5CH_2OH$$

$$C_6H_5COONa \xrightarrow{HCl} C_6H_5COOH$$

在碱的催化下，反应结束后的产物为苯甲醇和苯甲酸的钠盐。苯甲酸的钠盐更易溶于水而苯甲醇则更易溶于有机溶剂，因此利用萃取的方法可以方便地使两组分分离。有机层通过蒸馏可得到苯甲醇，而水层通过盐酸酸化即可得到苯甲酸。

苯甲醛，沸点 179°C，为无色有苦杏仁气味的液体。苯甲醛易被氧化，久置会产生一部分苯甲酸，故新开瓶的苯甲醛往往会在瓶口发现少量白色固体物质。因此苯甲醛在使用前最好减压蒸馏纯化，蒸馏时也可加入少许锌粉以防止蒸馏过程中苯甲醛被氧化。

实验前请参考实验 9 和实验 10，并阅读第二部分中相关的基本操作内容。

## 三、实验步骤

### 1. 粗产物的制备

在 50 mL 锥形瓶中加入 5. 0 g 氢氧化钠和 5 mL 水，摇振溶解并冷至室温后，慢慢加入

5.30 g(5.1 mL，0.05 mol)新蒸苯甲醛，用橡胶塞塞住瓶口，用力振摇约 30 min，使反应物充分混合[1]，最后成为白色糊状物，再在室温放置 24 h 以上。

**2. 苯甲醇的分离和纯化**

向反应混合物中加入少量水摇振，并少量多次地补加水至固体恰好溶解(总用水量约 22 mL)。将溶液倒入分液漏斗中，并用约 1 mL 水荡洗锥形瓶，将洗出液一并转入分液漏斗中。每次用 5 mL 乙醚萃取，共萃取 3 次(注意保留水层分离苯甲酸)，合并醚层。醚层依次用 3 mL 饱和亚硫酸氢钠溶液、3 mL 10%碳酸钠溶液及 3 mL 水洗涤。将最后所得的醚溶液用无水硫酸钠干燥。

滤除干燥剂，用简单蒸馏先蒸出乙醚后，再改用空气冷凝管冷凝，蒸馏收集 204 ~ 206 ℃的馏分，得苯甲醇(约 1.5 g)。

纯苯甲醇的沸点为 205 ℃，折射率 $n_{20}^{D}$ 1.5396。

**3. 苯甲酸的分离和纯化**

乙醚萃取后的水溶液，用浓盐酸酸化(搅拌下缓慢滴加)使 pH 试纸变红[2]。充分冷却使苯甲酸析出完全，抽滤，干燥得苯甲酸粗品(约 2.4 g)。

苯甲酸粗品可用水重结晶纯化[3]。

纯苯甲酸的熔点为 122.4 ℃。

[注释]

[1]充分振摇是反应成功的关键。如混合充分，放置 24 h 后混合物通常在瓶内固化，苯甲醛气味消失。

[2]约需 8 mL 浓盐酸。

[3]参考实验 3 工业苯甲酸粗品的重结晶。

# 实验 12　正丁醚的制备

## 一、实验目的

1. 掌握正丁醇分子间脱水制备正丁醚的反应原理和实验方法。
2. 掌握共沸脱水的原理和油水分离器的使用。
3. 巩固回流、萃取(洗涤)、蒸馏等基本操作。

## 二、实验简介

正丁醚是一种重要的有机溶剂。在酸催化下，两分子醇分子间脱水是制备简单醚的常用方法。对于伯醇，一般可用此方法来合成醚类化合物；但对于仲醇和叔醇，由于它们比伯醇更容易发生消除反应，因此不适于用此法来合成醚。

本实验利用正丁醇与浓硫酸反应来制备正丁醚。反应产物与温度的关系很大，在 90℃以下，正丁醇与硫酸失水生成硫酸酯。在较高温度（~140℃）下，两分子醇分子间脱水成醚。在更高温度（约 160℃）下，醇分子内脱水成烯。因此反应过程中须严格控制温度，以减少副产物的生成。

主反应：$2\ n\text{-}C_4H_9OH \xrightarrow[130\sim140℃]{H_2SO_4} (n\text{-}C_4H_9)_2O+H_2O$

副反应：$n\text{-}C_4H_9OH \xrightarrow[160℃]{H_2SO_4} CH_3CH{=\!=}CHCH_3+CH_3CH_2CH{=\!=}CH_2+H_2O$

该反应是平衡反应，为了提高转化率，本实验利用油水分离器（图 2-23d）将反应中生成的水及时移出，使平衡向右移动。由于正丁醇、水和产物正丁醚能形成共沸物，因此当形成的油水混合蒸气经冷凝后落回油水分离器时，由于油的密度较小且在水中的溶解度也较小，油浮于上层，水处于下层。当液面涨至分水器支管口时，油会顺支管口自动流回反应瓶中继续反应，不断将反应中生成的水从反应体系中带出来，从而达到油水分离的目的。

实验前请阅读第二部分中相关的基本操作内容。

## 三、实验步骤

**1. 安装装置及加料**

在 50 mL 三口烧瓶中加入磁子和 15.5 mL 正丁醇（12.6 g，0.17 mol），搅拌下将 2.3 mL 浓硫酸分数批加入，并搅匀[1]。在三口烧瓶的中口安装油水分离器[2]，并在油水分离器的上口安装回流冷凝管。停止搅拌，在三口烧瓶的一侧口安装温度计[3]。

**2. 加热分水**

搅拌下，加热三口烧瓶，反应液沸腾后蒸气沿分水器支管口进入冷凝管，被冷凝成混合液滴入油水分离器内，水层下沉，油层浮于水面上。待油层液面升至支管口时即流回三口烧瓶中。平稳回流直至水面上升至与支管口下沿相齐，反应液温度达 135~137℃[4]时，即可停止反应，历时约 40 min。稍冷后开启活塞，放出油水分离器中的水，然后拆除装置。

**3. 粗产物的分离、洗涤和干燥**

将反应液倒入盛有 25 mL 水的分液漏斗中，充分摇振，静置分层，分出水层。上层粗产物依次用 12 mL 水、8 mL 5%氢氧化钠溶液[5]、8 mL 水和 8 mL 饱和氯化钙溶液洗涤[6]。

最后分净水层，将粗产物自漏斗上口倒入一洁净干燥的小锥形瓶中，加入 1 g 无水氯化钙，塞紧瓶口干燥 10~15 min。

**4. 蒸馏纯化**

将干燥好的粗产物滤入 25 mL 圆底烧瓶中，安装简单蒸馏装置(图 2-8)。蒸馏收集 140~144℃的馏分[7]，称重并计算产率。

纯的正丁醚为无色透明液体，b. p. 142. 4℃，$n_D^{20}$ 1. 3992。

本实验需 4~5 h。

[注释]

[1]正丁醇与浓硫酸混合时要慢且均匀，否则在酸与醇的界面处会局部过热，使部分正丁醇碳化，反应液很快变为红色甚至棕色。

[2]油水分离器中应预先加入($V$-1. 8 mL)的水，$V$ 是分水器的容积。本实验理论出水量 1. 53 mL，实际分出水层的体积大于理论计算量，因为有单分子脱水的副产物生成。加水时，先沿分水器支管口对面的内壁小心地贴壁加水(注意切勿使水流入支管)，待水面上升至恰与支管口下沿相平齐时为止，再用滴管从分水器中移出 1. 8 mL 水。

[3]温度计的安装高度应合适。温度计的水银球应处于反应液液面以下，且轻启搅拌磁子不碰触水银球为宜。

[4]制备正丁醚的适宜温度是 130~140℃，但在本反应条件下会形成下列共沸物：醚-水共沸物(b. p. 94. 1℃，含水 33. 4%)、醇-水共沸物(b. p. 93. 0℃，含水 44. 5%)、醇-水-醚三元共沸物(b. p. 90. 6℃，含水 29. 9%及醇 34. 6%)，醇-醚共沸物(b. p. 117. 6℃，含醇 17. 59%及醚 82. 5%)，所以在反应开始阶段温度计的读数在 100℃左右。随着反应进行，出水速度逐渐减慢，温度也缓缓上升，至反应结束时一般可升至 135℃或稍高一些。如果反应液温度已经升至 140℃而分水量仍未达到 1. 8 mL，还可再放宽 1~2℃，但若温度升至 142℃而分水量仍未达到 1. 8 mL，也应停止反应。加热不可过速，防止温度过高反应液碳化变黑，生成较多副产物。

[5]碱洗时摇振不宜过于剧烈，以免严重乳化，难以分层。

[6]上层粗产物的洗涤也可采用下法进行：先每次用 6 mL 冷的 50%硫酸洗涤两次，再每次用 6 mL 水洗涤两次。50%硫酸可洗去粗产物中的正丁醇，但正丁醚也能微溶，故收率略有降低。

[7]蒸馏时要选用空气冷凝管，所有的仪器必须干净、干燥。

# 实验 13 环己烯的制备

## 一、实验目的

1. 掌握环己醇分子内脱水制备环己烯的原理和实验方法。
2. 掌握分馏的基本原理和操作方法。
3. 巩固萃取(洗涤)、蒸馏等基本操作。

## 二、实验简介

烯烃是重要的有机化工原料，工业上主要通过石油的裂解和催化脱氢来制备。在实验室主要通过醇脱水或卤代烃脱卤化氢来制备。

环己烯是无色透明液体，有特殊刺激性气味，不溶于水，溶于乙醇、醚。实验室常用环己醇作原料，在浓硫酸或浓磷酸催化作用下加热脱水来制备环己烯：

$$\text{C}_6\text{H}_{10}(\text{H})(\text{OH}) \xrightarrow[\triangle]{\text{浓}H_2SO_4} \text{C}_6\text{H}_{10} + H_2O$$

该反应为可逆反应，为了使平衡向右移动，本实验采取边反应边蒸出产物环己烯和水形成的二元共沸物(沸点 70.8℃，含水 10%)的方法来提高转化率。但是由于原料环己醇也能和水形成二元共沸物(沸点 97.8℃，含水 80%)，为了保证使产物蒸出，而又不夹带原料环己醇，本实验采用分馏装置，并控制柱顶温度不超过 90℃。

实验前请阅读第二部分中相关的基本操作内容。

## 三、实验步骤

### 1. 安装装置及加料

在 50 mL 圆底烧瓶中加入 10 g 环己醇(10.5 mL，约 0.1 mol)[1]，在搅拌下将 0.5 mL 浓硫酸逐滴滴入其中并充分搅匀[2]，再装上韦氏分馏柱、蒸馏头、温度计、直形冷凝管、尾接管和 50 mL 锥形瓶，组成简单分馏装置(图 2-22)，并在锥形瓶外加置冰水浴。

### 2. 加热分馏

加热圆底烧瓶，瓶中液体微沸时调小火焰并严格稳定加热强度，使产生的气雾缓缓上升，经历 10~15 min 升至柱顶[3]，再次调节并稳定加热强度，使出料速度为 1 滴/5~6 秒。反应前段温度会缓缓上升，应控制柱顶温度在 90℃ 以下[4]，反应后段出料速度会变得很慢，可稍稍加大加热强度，将温度控制在 93℃以下。当反应瓶中只剩下很少残液并出现阵发性白雾时停止加热。从开始有液体馏出到反应结束需 40 min。

**3. 粗产物分离、洗涤和干燥**

将馏出液转移至分液漏斗中，静置分层，分离出下层水液。上层粗产物依次用 5 mL 饱和食盐水，5 mL 5%碳酸钠溶液洗涤，最后分净水层，将粗产物自漏斗上口倒入一洁净干燥的小锥形瓶中，加入 1 g 无水氯化钙，塞紧瓶口干燥 10~15 min[5]。

**4. 蒸馏纯化**

将干燥好的粗产物滤入 25 mL 圆底烧瓶中，安装简单蒸馏装置(图 2-8)[6]。加热蒸馏，收集 80~85℃馏分，称重并计算收率。

纯环己烯为无色液体，b. p. 83℃，$n_D^{20}$ 1. 4465。

本实验需 4~5 h。

**[注释]**

[1]常温下环己醇为黏稠液体(b. p. =24℃)，最好直接在反应瓶中称取以避免黏附损失。如果用量筒量取，则在计量时应将量筒内壁黏附的量考虑在内。

[2]摇匀以生成环己醇的锌盐或硫酸氢酯，这是反应的中间产物。如不充分摇匀，则会有游离态硫酸存在，硫酸的界面处会发生局部碳化，反应液迅速变为棕黑色。加热后尤为明显。

[3]蒸气上升过快，将降低分馏效率。

[4]反应过程中会形成以下 2 种共沸物：(a)烯-水共沸物，b. p. 70. 8℃，含水 10%；(b)醇-水共沸物，b. p. 97. 8℃，含水 80%。其中(a)是需要移出反应区的，(b)则是希望不被蒸出的，故应将柱顶温度控制在 90℃以下。

[5]无水氯化钙除起干燥作用之外，还兼有除去部分未反应的环己醇的作用。干燥应充分，否则在蒸馏过程中残留的水分会与产品形成共沸物，从而使一部分产品损失在前馏分中。如果已经出现了前馏分(80℃以下馏分)过多的情况，则应将该前馏分重新干燥并蒸馏，以收回其中的环己烯。

[6]蒸馏时所有的仪器必须干净、干燥。

## 实验 14　环己酮的制备

### 一、实验目的

1. 掌握由环己醇氧化制备环己酮的原理和方法。

2. 掌握水蒸气蒸馏的基本原理和操作方法。

3. 巩固萃取(洗涤)、蒸馏等基本操作。

## 二、实验简介

环己酮属于脂环酮，具有近似丙酮的气味，常温为下无色或淡黄色、透明的油状液体，微溶于水，可溶于各种有机溶剂。环己酮是制备己内酰胺、己二酸等的原料。

实验室常通过伯醇或仲醇的氧化来制备相应的醛或酮。环己醇是仲醇，能被酸性的重铬酸钠(或钾)氧化成环己酮。酮的稳定性较高，一般不易被进一步氧化。若氧化反应过于激烈，生成的酮将进一步被氧化而发生碳链的断裂，因此必须小心控制反应条件以避免过度氧化。

主反应：

$$3\ \text{环己醇(OH)} \xrightarrow{Na_2Cr_2O_7\ +\ 5\ H_2SO_4} 3\ \text{环己酮(O)} + Cr_2(SO_4)_3 + 2NaHSO_4 + 7H_2O$$

副反应：

$$\text{环己醇(OH)} \xrightarrow{Na_2Cr_2O_7\ +\ 5\ H_2SO_4} HOOC(CH_2)_4COOH$$

实验前请阅读第二部分中相关的基本操作内容。

## 三、实验步骤

### 1. 铬酸溶液的配制

在 250 mL 烧杯中，溶解 5.25 g(0.018 mol)重铬酸钠于 30 mL 水中，在搅拌下，缓慢滴加 4.5 mL 浓硫酸，得一橙红色溶液，冷却至 30℃以下备用。

### 2. 粗产物的制备

在带有回流冷凝管、温度计、磁子和恒压滴液漏斗的 100 mL 三口烧瓶中(图 2-24)，加入 5.20 mL 环己醇(5.00 g，0.05 mol)，搅拌下滴加已制备好的铬酸溶液，使其充分混合。测量初始反应温度，并观察温度计读数的变化情况。当温度上升至 55℃时，立即用水浴冷却，保持反应温度在 55~60℃[1]。约 0.5 h 后，温度开始出现下降趋势，移去水浴再反应 0.5 h 以上，使反应完全，反应液呈墨绿色。

### 3. 粗产物分离、洗涤和干燥

在反应瓶内加入 30 mL 水，改成简单蒸馏装置，将环己酮与水一起蒸馏出来[2]，直至馏出液不再浑浊时，再多蒸 8~10 mL，约蒸出 50 mL 馏出液[3]。馏出液用精盐饱和[4](约

6 g 精盐)后，转入分液漏斗，静置后分出有机层。水层用 8 mL 乙醚萃取一次，合并有机层，用无水硫酸钠干燥 10~15 min。

**4. 蒸馏纯化**

将干燥好的粗产物滤入 25 mL 圆底烧瓶中，安装简单蒸馏装置[5]。先用水浴加热蒸出乙醚后，再加热蒸馏(将直形冷凝管改为空气冷凝管)收集 151~155℃的馏分。

纯的环己酮沸点为 155. 7°C，折光率 $n_D^{20}$ 1. 4507。

本实验需 4~5 h。

**[注释]**

[1]在整个氧化反应过程中，应控制反应温度在一定的范围，因为反应温度过低，则氧化反应速度慢，反应时间太长；而且可能积累更多的未反应的铬酸，当铬酸达到一定浓度时，氧化反应会进行得非常剧烈，有失控的危险。反应温度过高，则氧化反应速度过快，反应激烈，可能发生环己酮碳链的断裂，而生成己二酸。

[2]本实验操作实际上是一种恒沸蒸馏，环己酮与水形成恒沸混合物，沸点 95℃，含环己酮 38. 4%。

[3]馏出液不宜过多，否则容易蒸干，使残留的固体物质溅射，甚至可能导致烧瓶炸裂。

[4]环己酮在水中的溶解度 31℃时为 2. 4 g/100 mL 水。馏出液中加入精盐是为了降低环己酮的溶解度，有利于环己酮的分层。水的馏出量不宜过多，否则即使使用盐析，仍不可避免有少量环己酮溶于水中而损失掉。

[5]蒸馏时所有的仪器必须干净、干燥。

# 实验 15　苯甲酸的制备

## 一、实验目的

1. 掌握甲苯高锰酸钾氧化法制备苯甲酸的原理及方法。
2. 巩固回流、减压过滤、重结晶等基本操作。

## 二、实验简介

氧化反应是制备羧酸的常用方法。芳香族羧酸常通过芳烃侧链的氧化来制备。芳烃的苯环比较稳定，难以氧化，而环上的支链不论长短，只要有 α-H，在强烈氧化时，最终都被氧化成羧基。实验室一般由高锰酸钾氧化甲苯来制备苯甲酸：

$$C_6H_5CH_3 \xrightarrow{2KMnO_4} C_6H_5COOK + KOH + 2MnO_2 + H_2O$$

$$C_6H_5COOK \xrightarrow{HCl} C_6H_5COOH$$

由于甲苯不溶于高锰酸钾水溶液中，故该反应为两相反应，因此反应需充分搅拌并在较高温度下回流较长时间。加热回流后，反应首先得到的是苯甲酸的钾盐和二氧化锰沉淀，将沉淀过滤分离，滤液用盐酸酸化，可得苯甲酸，后者难溶于水，即可结晶析出。

实验前请阅读第二部分中相关的基本操作内容。

## 三、实验步骤

### 1. 粗产物的制备

在 100 mL 圆底烧瓶中放入磁子，加入 2.3 mL(2.00 g，0.022 mol)甲苯和 50 mL 水，装上回流冷凝管，搅拌并加热至回流。从冷凝管上口分批加入 6.95 g(0.044 mol)高锰酸钾，30 min 内加完[1]。如遇高锰酸钾堵塞冷凝管，可用滴管取少量水冲洗冷凝管内壁，高锰酸钾加完后再用少量水将黏附在冷凝管内壁的高锰酸钾洗入瓶内，总用水量不要超过 15 mL。继续回流直至甲苯基本消失。高锰酸钾加完后需回流 60 min 以上[2]。

### 2. 粗产物分离

将反应混合物趁热用水泵减压抽滤，并用少量热水洗涤滤渣 $MnO_2$。滤液如果呈紫色，可加少量饱和亚硫酸氢钠溶液使紫色退去，并重新抽滤。将滤液倒入烧杯中并置于冰水浴中，冷却后用浓盐酸酸化，直至苯甲酸全部析出。将析出的苯甲酸减压抽滤，用少量冰水洗涤、压干后得粗品。实验完毕，及时清洗仪器[3]。

### 3. 产品的精制

若要得到纯净的产物，可在水中重结晶[4]。产品晾干后，称重，计算产率。

纯苯甲酸为无色针状晶体，熔点 122.4°C。

本实验需 4~5 h。

### [注释]

[1]高锰酸钾氧化是比较强烈的氧化反应，反应放热，一次投料或投料太快会导致反应热无法及时排出，造成反应液暴沸冲出反应瓶。分批加入固态高锰酸钾不仅可以使反应

较为温和、易搅拌，同时也可以避免因使用高锰酸钾水溶液使反应体系体积过大而超过反应器容量要求。

[2]加入相转移催化剂并适当延长反应时间可提高产率。

[3]圆底烧瓶及回流冷凝管内壁黏附的棕色固体不宜洗净。可先用自来水刷洗，再用草酸溶液浸洗，最后再用自来水冲洗，即可洗净。

[4]参见实验 3。

# 实验 16　苯甲酸乙酯的制备

## 一、实验目的

1. 学习 Fisher 酯化法制备苯甲酸乙酯的原理及方法。
2. 了解三元共沸除水原理和油水分离器的使用。
3. 巩固回流、洗涤、蒸馏等基本操作。

## 二、实验简介

羧酸酯多带有香味，常被用于配制香水香精和人造精油。酸和醇在酸(常为浓硫酸)催化下加热回流制备羧酸酯是实验室制备羧酸酯的重要方法，该反应也称作 Fischer 酯化反应。

苯甲酸乙酯为无色透明液体，稍有水果气味，不溶于水，溶于乙醇和乙醚。本实验利用苯甲酸和乙醇在浓硫酸的催化下进行酯化反应来制备苯甲酸乙酯：

$$C_6H_5COOH + CH_3CH_2OH \underset{}{\overset{H_2SO_4}{\rightleftharpoons}} C_6H_5COOCH_2CH_3 + H_2O$$

Fischer 酯化反应是可逆反应，为使可逆反应的平衡向右移动以获得较高产率，常采用的方法是：①使较廉价的原料适当过量；②使产物一经生成即迅速脱离反应体系。本实验兼用这两种方法，采用加入过量乙醇并将反应中生成的水及时从反应混合物中移出的办法，使平衡向右移动。

实验前请阅读第二部分中相关的基本操作内容。

## 三、实验步骤

### 1. 装置安装

在 50 mL 三口烧瓶中加入磁子、苯甲酸 4.1 g(0.0335 mol)、95%乙醇 9 mL、苯 8

mL[1]，搅拌下将 1.5 mL 浓硫酸缓缓滴入其中[2]。在中口安装油水分离器[3]，在其上端安装回流冷凝管，另口安装温度计，装置如图 2-23d 所示。

**2. 粗产物的制备**

搅拌并加热回流，回流的速度以气雾上升的高度不超过冷凝管的两个球泡，且在油水分离器的支管内不产生液泛现象为宜。在回流中，油水分离器内的液体逐渐形成上、中、下三层[4]，中层越来越多。约 1h 后，中、上层的界面上升至接近支管口下沿，暂时停止加热。小心放出中、下层液体，并记下中层的体积。重新水浴加热，将苯和未反应的乙醇蒸至油水分离器中，每当快要充满时即从活塞放出。

**3. 粗产物的分离**

将瓶中残液倒入盛有 30 mL 水的烧杯中，搅拌下分批加入碳酸钠粉末(约 3 g)直到不再有二氧化碳气体产生、液体呈中性为止。将液体转入分液漏斗，静置后分出酯层。用 10 mL 乙醚萃取水层。合并醚层和酯层，用无水氯化钙干燥 10~15 min。

**4. 粗产物的蒸馏纯化**

干燥充分后滤除干燥剂。改用简单蒸馏装置，先用水浴加热，直形冷凝管冷却，蒸出乙醚，然后改用空气冷凝管冷却蒸馏，收集 210~213℃的馏分。

苯甲酸乙酯纯品为无色液体，沸点为 212.6℃，折光率 $n_D^{20}$ 1.5001。

本实验需 4~5 h。

**[注释]**

[1]苯毒性较大，可用环己烷代替。

[2]硫酸加入过快会使温度迅速上升超过乙醇的沸点。若不及时搅拌均匀，则在硫酸与乙醇的界面处会产生局部过热碳化，反应液变为棕黄色，同时产生较多的副产物。

[3]油水分离器中应预先加入($V$-3.0 mL)的水，$V$ 是油水分离器的容积。反应生成水约 0.6 g，9 mL95%乙醇中含水约 0.45 g，共约 1.05 g，它在共沸物下层(见注释[4])中占 43.1%，根据计算该共沸物下层总体积约为 2.5 mL。加水时，先沿油水分离器支管口对面的内壁小心地贴壁加水(注意切勿使水流入支管)，待水面上升至恰与支管口下沿相平齐时为止，再用滴管从油水分离器中移出 3.0 mL 水。

[4]下层为原来加入的水。由反应瓶中蒸出的馏出液为三元共沸物(沸点 64.86℃，含苯 74.1%，乙醇 18.5%，水 7.4%)。它从冷凝管流入油水分离器后分为两层，上层占 84%(含苯 86.0%，乙醇 12.7%，水 1.3%)，下层占 16%(含苯 4.8%，乙醇 52.1%，水 43.1%)，此下层即为油水分离器里的中层。

# 实验 17　乙酰水杨酸的制备

## 一、实验目的

1. 学习水杨酸和乙酸酐在碱催化下制备乙酰水杨酸的原理和方法。
2. 巩固重结晶的基本操作。

## 二、实验简介

乙酰水杨酸的商品名叫阿司匹林(Aspirin)，是一种已经应用了上百年的解热镇痛、抗炎、抗风湿、抗血栓形成的药物。阿司匹林为白色结晶性粉末，无臭，微带酸味。微溶于水，易溶于乙醇、乙醚、氯仿等。

阿司匹林传统的合成方法是在浓硫酸的催化下，以乙酸酐为酰化剂，与水杨酸的酚羟基反应成酯，乙酸酐在反应中既作为酰化试剂又作为反应溶剂。但是以浓硫酸为催化剂存在以下缺点：一方面浓硫酸腐蚀设备、有排酸污染；另一方面浓硫酸酸性太强，也会造成水杨酸分子之间脱水成酯，生成较多的酯和聚合副产物。

主反应：

$$\text{(COOH, OH)}C_6H_4 + CH_3\overset{O}{\overset{\|}{C}}-O-\overset{O}{\overset{\|}{C}}CH_3 \xrightarrow[\triangle]{H_2SO_4} \text{(COOH)}C_6H_4-O-\underset{O}{\underset{\|}{C}}-CH_3 + CH_3COOH$$

副反应：

$$\text{(OH, COOH)}C_6H_4 + HO-C_6H_4\text{(COOH)} \xrightarrow[\triangle]{H^+} \text{(OH)}C_6H_4-\overset{O}{\overset{\|}{C}}-O-C_6H_4\text{(COOH)} + H_2O$$

水杨酰水杨酸酯

$$\text{(OCOCH}_3\text{, COOH)}C_6H_4 + HO-C_6H_4\text{(COOH)} \xrightarrow[\triangle]{H^+} \text{(OCOCH}_3)C_6H_4-\underset{O}{\underset{\|}{C}}-C-C_6H_4\text{(COOH)} + H_2O$$

乙酰水杨酰水杨酸酯

而以碱性化合物为催化剂，不仅能破坏水杨酸分子之间的氢键，活化水杨酸的羟基，减少副产物的生成，而且能减少对设备的腐蚀和环境的污染。本实验以弱碱碳酸钠为催化剂，水杨酸和乙酸酐反应来制备阿司匹林。

本实验可用$FeCl_3$溶液来初步鉴定产品的纯度，此外还可采用测定熔点的方法来检验。产品中如含有未反应完的酚羟基，遇$FeCl_3$溶液呈紫色。如果产品与$FeCl_3$溶液混合，无颜色变化，则认为产品纯度较高，基本达到要求。

实验前请阅读第二部分中相关的基本操作内容。

## 三、实验步骤

### 1. 粗品的制备

在装有空气冷凝管的 50 mL 干燥的锥形瓶中，加入 2 g(0.0145 mol)水杨酸[1]、0.1 g 无水碳酸钠和 1.8 mL(1.95 g，0.02 mol)乙酸酐。放入 80~85℃[2]的水浴中，不断摇动锥形瓶，直至水杨酸完全溶解[3]，再维持 10 min 后，趁热将反应液在不断搅拌下倒入盛有 24 mL 冷水和 8 滴 10%的盐酸的烧杯中，并混合好。然后，在冰水浴中冷却 15 min，待结晶完全后，抽滤，用冷水(3×2 mL)洗涤并压干。最后，干燥称重[4]，计算产率。

### 2. 产品的精制

若要得到更纯的产品，可用 1∶4 的乙醇-水溶液为溶剂进行重结晶。重结晶时，加热不宜过久，以防止乙酰水杨酸部分分解。

### 3. 纯度检查

取少量粗品及精制样品分别溶于 10 滴 95%的乙醇中，加入 1%三氯化铁溶液 1~2 滴。观察颜色变化。

纯乙酰水杨酸的熔点为 135~37℃[5]。

本实验需 3~4 h。

**[注释]**

[1]水杨酸应当干燥。乙酸酐应当是新蒸的，收集 139~140℃的馏分。

[2]反应温度过高，会增加副产物，如水杨酰水杨酸酯、乙酰水杨酰水杨酸酯等。

[3]反应过程中，不宜将锥形瓶移出水面。否则，生成的乙酰水杨酸也会从溶液中析出，无法判断水杨酸是否全溶。如果加热 0.5 h 仍不溶，可视作水杨酸已反应，实验可继续往下进行。水杨酸溶解后，不久又有沉淀产生，属正常实验现象。

[4]可将样品置于表面皿上，红外灯下干燥。注意不要离灯太近，以免温度过高而使样品熔融或分解。

[5]乙酰水杨酸受热易分解，因此熔点不是很明显。测定熔点时，应先将热载体加热至 120℃左右，然后再放入样品进行测定。

# 实验 18　肉桂酸的制备

## 一、实验目的

1. 学习 PerKin 缩合反应制备肉桂酸的原理和方法。
2. 学习利用水蒸气蒸馏纯化固体有机物的操作方法。
3. 巩固回流、热过滤、重结晶等基本操作。

## 二、实验简介

芳香醛与羧酸酐在弱碱催化下生成 α，β-不饱和酸的反应称为 PerKin 反应。所用催化剂一般是该酸酐所对应的羧酸的钾盐或钠盐，也可以使用碳酸钾或叔胺作催化剂。

肉桂酸，又名 β-苯丙烯酸、3-苯基-2-丙烯酸，是从肉桂皮或安息香分离出的有机酸。肉桂酸为微有桂皮香气的无色针状晶体，熔点 133℃，微溶于冷水，可溶于热水及醇、醚等有机溶剂。主要用于香精香料、食品添加剂及医药工业等方面。

本实验用苯甲醛与乙酸酐在无水碳酸钾催化下发生缩合反应制备肉桂酸：

主反应：

$$C_6H_5\text{—}CHO \xrightarrow[150\sim170℃]{(CH_3CO)_2O,\ K_2CO_3} C_6H_5\text{—}CH{=}CH\text{—}COOH + CH_3COOH$$

副反应：

$$C_6H_5\text{—}CH{=}CH\text{—}COOH \xrightarrow[\Delta]{-CO_2} C_6H_5\text{—}CH{=}CH_2 \xrightarrow{聚合} \text{+}CH(Ph)\text{—}CH_2\text{+}_n$$

在本实验中，由于乙酸酐易水解，无水碳酸钾易吸潮，反应仪器必须干燥。提高反应温度可以加快反应速度，但反应温度太高，易引起脱羧和聚合等副反应，所以反应温度控制在 150～170℃。

反应产物中混有的少量未反应的苯甲醛可通过水蒸气蒸馏将其除去。

实验前请阅读第二部分中相关的基本操作内容。

## 三、实验步骤

**1. 装置的安装、投料**

在干燥的 100 mL 三口烧瓶的中口安装一支带有氯化钙干燥管的空气冷凝管。从一侧口加入苯甲醛[1] 1. 5 mL(1. 58 g，0. 015 mol)、乙酸酐[2] 4 mL(4. 32 g，0. 042 mol)及研细的无水碳酸钾 2. 1 g，摇匀后用空心塞塞住。另一侧口插入一根 250℃温度计[3]。

**2. 粗品的制备与纯化**

缓缓加热，回流约 40 min[4]。反应初期由于产生二氧化碳而有泡沫。反应完毕，停止加热。稍冷后，搅拌下向反应液中先分批加入 10 ml 水[5]，再慢慢加入饱和碳酸钠溶液中和反应液至 pH 等于 8[6]。

安装水蒸气蒸馏装置进行水蒸气蒸馏，蒸至馏出液中不再含有油珠为止。再加入少许活性炭，稍加煮沸后趁热过滤。滤液冷却后小心地向其中加入浓盐酸直至 pH<3，有大量白色晶体析出。用冰水浴冷却使结晶完全。抽滤，用少量冷水洗涤晶体，抽干后将晶体转移到表面皿上，在空气中晾干[7]。称重、测熔点。

**3. 产品的精制**

如果本实验的产品熔点低于 131. 5℃，可在水中或 30%的乙醇中重结晶纯化。

肉桂酸有顺反异构体，通常人工合成的均为反式，熔点 133℃。

本实验需 4~5 h。

**[注释]**

[1]苯甲醛久置会自动氧化产生部分苯甲酸，不但影响反应的进行，还会混入产物不易分离，故在使用前需要纯化。方法是先用 10%碳酸钠溶液洗涤至 pH=8，再用清水洗至中性，用无水硫酸镁干燥，干燥时可加入少量锌粉防止氧化。将干燥好的苯甲醛减压蒸馏，也可加入少量锌粉进行常压蒸馏，收集 177~179℃馏分。新开瓶的苯甲醛可不必洗涤，直接进行减压或常压蒸馏。

[2]醋酐久置会吸收空气中水汽而水解为醋酸，故在使用前需蒸馏纯化。

[3]温度计要求插入液面以下，且水银球不能接触瓶壁。

[4]三口瓶内温度计读数不能超过 170℃。

[5]分解未反应的原料乙酸酐。

[6]使肉桂酸转化为肉桂酸钠盐。

[7]如用红外灯干燥，应注意控制温度不宜过高。

# 实验 19　偶氮苯与邻-硝基苯胺的柱层析分离

## 一、实验目的

1. 学习柱色谱分离偶氮苯与邻-硝基苯胺的原理和方法。
2. 熟悉柱色谱基本操作步骤如装柱、加样、淋洗和接收等。

## 二、实验简介

本实验是以小型层析柱分离偶氮苯与邻-硝基苯胺的少量混合溶液：

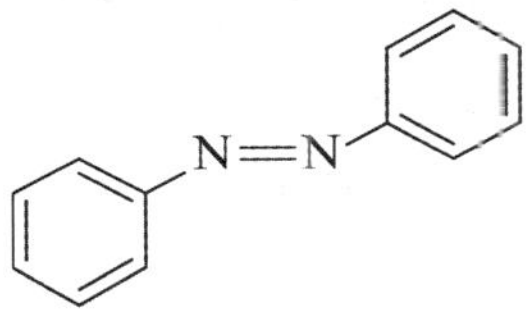

N═N　　　$NH_2$　$NO_2$

偶氮苯 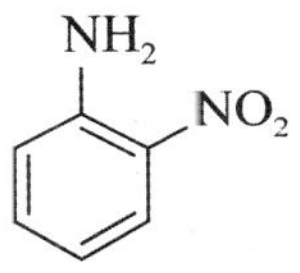　　　　邻硝基苯胺

偶氮苯和邻-硝基苯胺由于分子极性及溶解度的差异较大，在层析柱中受吸附和解吸溶解的难易也相差较大，因此在层析柱中下行的速度亦相差较大，二组分在层析柱中很容易拉开距离，形成不同的色带。由于二组分均有鲜艳的颜色，故不须显色即可清晰地观察到柱中分离情况，适合于初学者练习柱层析操作技能之用。

所用主要仪器及药品为：

(1)层析柱：长 25 cm，内径 1.4 cm。

(2)吸附剂：市售中性氧化铝(100 目，Ⅱ~Ⅲ级)10 g。

(3)淋洗剂：①1，2-二氯乙烷与环己烷等体积混合液 20~30 mL；

②95%乙醇(10~15 mL 备用)。

(4)待分离混合样：1%偶氮苯与 1%邻-硝基苯胺的 1，2-二氯乙烷等体积混合液 0.4 mL。

实验前请阅读第二部分中“柱层析”相关内容。

## 三、实验步骤

### 1. 干法装柱

装柱前需要涂油检漏：取一支洁净干燥的层析柱，在活塞处涂上一层薄薄的凡士林

（或高真空硅脂），向一个方向旋转至透明，竖直安装在铁架台上。关闭活塞，加入少量淋洗剂(1 ~ 2 mL)检漏。如漏液，需重新涂油检漏。最后打开活塞，检查柱中液体是否能够顺畅流出。

关闭活塞，先加入约为柱容积1/4的淋洗剂，用一支干净干燥的长玻璃棒将一小团脱脂棉推入柱底（勿挤压太紧）。再将一干净干燥的三角漏斗放置于层析柱顶端，用不锈钢匙将适量海砂(1 ~ 2勺)通过三角漏斗缓缓加入柱中，使海砂沉积在脱脂棉上，厚为1 ~ 2 mm。如三角漏斗壁上粘有海砂，用少量淋洗剂将海砂洗入柱中，并用长玻璃棒套有橡皮管的一端轻敲柱身，使海砂上表面平齐。

用不锈钢匙将中性氧化铝通过三角漏斗小心加入柱中[1]。在装柱过程中，如淋洗剂液面接近柱顶，可打开柱下活塞，放出部分淋洗剂，但要注意在装柱过程中应始终保持吸附剂沉积面上有一段液柱[2]。待吸附剂加完后，用少量淋洗剂将粘在三角漏斗和柱内壁的吸附剂洗入柱中，吸附剂沉积高度约8 cm。轻敲柱身使吸附剂沉积均匀，并使吸附剂上表面水平。

吸附剂加完后关闭活塞，按前述方法将适量海砂缓缓加入，平盖在吸附剂沉积面上，厚为1 ~ 2 mm[3]。柱下接收的淋洗剂可重复使用。

**2. 湿法加样**

打开柱下活塞放出柱中液体，待液面降至海砂上表面时关闭活塞，将0.4 mL待分离的混合样液用滴管沿柱内壁加入。打开活塞，待样液液面降至海砂上表面时关闭活塞。用干净滴管吸取淋洗剂约0.5 mL小心洗涤柱内壁。再打开活塞将液面降至海砂上表面处。依上法重复操作直至柱壁和顶部的淋洗剂均无颜色。

**3. 淋洗和接收**

加入大量淋洗剂，打开柱下活塞，控制流出速度为1滴/秒。观察柱中色带下行情况。随着色带向下行进逐渐分为两个色带，下方的为橙红或橙黄色，上方为亮黄或微带草绿色，中间为空白带。当前一色带到达柱底时更换接收瓶接收(在此之前接收的无色淋洗剂可重复使用)。当第一色带接收完后更换接收瓶接收空白带，当空白带接收完后再换接收瓶接收第二色带。

如果两色带间的空白带较宽，在第一色带到达柱底时可改用95%乙醇淋洗，以加速色带下行。若空白带较窄，甚至中间为交叉带，则不可用乙醇淋洗，否则将会使后一色带追上前一色带，造成色带重叠。

本实验因样品量甚微，不要求蒸发溶剂制取固体产品。所接收的两个色带应分别密封避光保存，留待薄层实验检测。操作优劣以柱中色带分布狭窄、前沿整齐水平，空白带较宽者为佳。

本实验需2~3 h。

[注释]

[1]每加入一勺，待吸附剂完全落下后再继续加入，使产生的气泡充分排出。如遇漏斗口少量堵塞，应及时疏通。可以轻敲三角漏斗，使吸附剂落下，也可以用滴管取少量淋洗剂将吸附剂洗下。

[2]为了保持柱子的均一性，使整个吸附剂浸泡在溶剂或溶液中是必要的，否则当柱中溶剂或溶液流干时，就会使柱身干裂，严重影响分离效果。

[3]加入砂子的目的，是使加料时不致把吸附剂冲起，影响分离效果。

# 实验 20　偶氮苯和邻-硝基苯胺的薄层分离和检测

## 一、实验目的

1. 掌握用薄层层析鉴定偶氮苯和邻-硝基苯胺的基本原理和操作方法。
2. 掌握用薄层层析检测柱层析的分离效果及样品的纯度。
3. 掌握比移值($R_f$)的计算方法。

## 二、实验简介

本实验所用主要仪器及药品为：

①小型卧式展开槽一只(图 2-28a)，硅胶薄板(2.5 cm×7.5 cm)4 块。

②毛细管。

③1%偶氮苯的 1，2-二氯乙烷溶液。

④1%邻-硝基苯胺的 1，2-二氯乙烷溶液。

⑤混合样液：由③和④两种溶液等体积混合而成。

⑥展开剂：1，2-二氯乙烷与环己烷的等体积混合液。

⑦在柱层析实验 19 中分离所得的两个色带。

实验前请阅读第二部分中“薄层层析”相关内容。

## 三、实验步骤

### 1. 点样

在距薄层板一端约 1 cm 处用铅笔画一水平横线作为起始线。用平口毛细管在起始线上点样，每块板上点两个样点，样点直径应小于 2 mm，间距至少 1 cm。如果溶液太稀，样点模糊，可待溶剂挥发后在原处重复点样。每块板上各先点一个混合样点，另一个样点依次为：(a)偶氮苯；(b)邻-硝基苯胺；(c)色带Ⅰ；(d)色带Ⅱ。

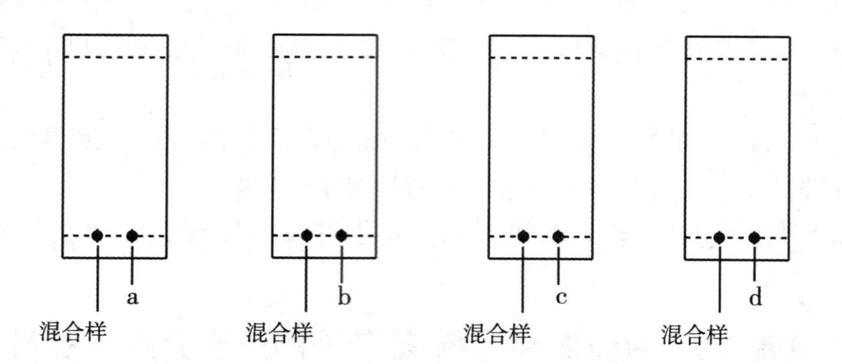


**2. 展开**

在展开槽中加入展开剂约 3 ml。盖上盖子放置片刻。将点好样的薄层板放入，使点样一端向下，展开剂不得浸及样点。盖上盖子观察展开情况。当展开剂前沿爬升到距离薄板上端约 1 cm 时取出，立即用铅笔标出前沿位置。依次展开其余各板。

**3. 测量和计算**

用直尺测量展开剂前沿及各样点中心到起始线的距离，计算各样点的 $R_f$ 值。

**4. 比较分析**

将(a)，(b)两块板并排平放在一起，比较分析由混合样点所分得的样点中哪一个是偶氮苯，哪一个是邻-硝基苯胺。并从分子结构解释其 $R_f$ 值的相对大小。

将(c)，(d)两块板放在一起比较分析，指出哪一色带为偶氮苯，哪一色带是邻-硝基苯胺，各色带是否纯净，原来的柱层析分离效果如何。

本实验需 1~2 h。

# 实验 21　从茶叶中提取咖啡因

## 一、实验目的

1. 掌握从茶叶中提取咖啡因的基本原理和方法。
2. 熟悉液-固连续萃取和升华的基本原理和操作方法。

## 二、实验简介

咖啡因是一种嘌呤衍生物，学名 1，3，7-三甲基-2，6-二氧嘌呤，存在于咖啡、茶叶、可可豆等植物中。

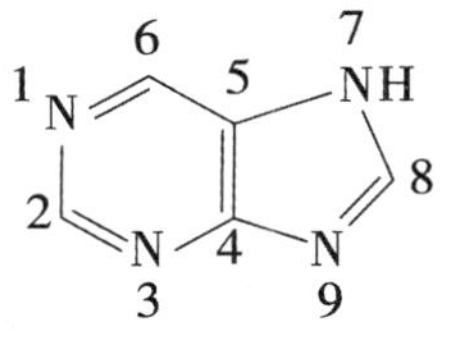

嘌呤 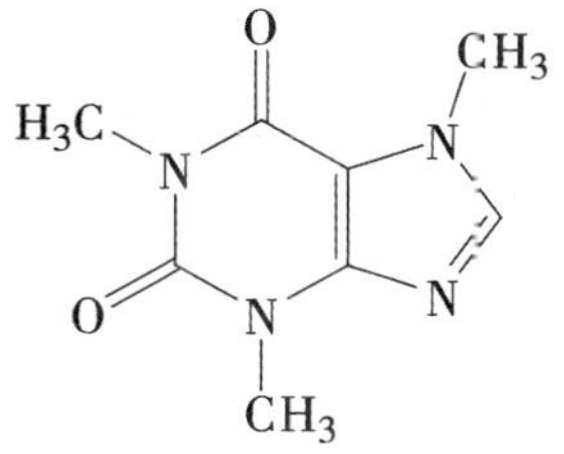　　　　咖啡因

咖啡因为无色柱状晶体，熔点 238℃，味苦，易溶于氯仿(12.5%)，可溶于水(2%)、乙醇(2%)及热苯(5%)，室温下在苯中饱和浓度仅为 1%。含结晶水的咖啡因为无色针状结晶，100℃时失去结晶水并开始升华，120℃时升华显著，178℃时升华很快。

咖啡因具有兴奋中枢神经和利尿等生理作用，除广泛应用于饮料之外，也应用于医药。例如，它是复方阿司匹林药片 APC(aspirin-phenacetin-caffein)的成分之一。过度饮用咖啡因会增加抗药性并产生轻度上瘾。

茶叶的主要成分是纤维素，含咖啡因 1%～5%，此外还含有丹宁酸(11%～12%)、色素(0.6%)及蛋白质等。丹宁酸亦称鞣酸，它不是一种单一的化合物，而是由若干种多元酚的衍生物所组成的具有酸性的混合物。丹宁酸不溶于苯，但有几种组分可溶于水或醇。所以用乙醇提取茶叶，所得提取液中含有丹宁酸和叶绿素等。向提取液中加碱，生成丹宁酸盐，即可使咖啡因游离出来，然后用升华法纯化。

通过测定熔点可对咖啡因作出鉴定，也可使之与水杨酸作用生成水杨酸盐(熔点 137℃)以作确证。

实验前请阅读第二部分中“液-固连续萃取”和“升华”的相关内容。

## 三、实验步骤

### 1. 装置安装

提取装置使用改良的索氏提取器-热萃取器。将 4 ～ 5 g 茶叶直接装入内管[1]，再小心滑入外管[2]，外管上装大小头。将装有茶叶的提取器装在 100 mL 圆底烧瓶上(烧瓶中预先放入磁芯)，再装上回流冷凝管，将装置竖直安装在铁架台上。搭好的装置如图 2-38 所示。

### 2. 加热提取

自冷凝管顶端缓慢加入 35 mL 95%乙醇[3]，搅拌，加热圆底烧瓶。烧瓶中乙醇沸腾后蒸气经外管升入冷凝管，冷凝下来的液滴再滴入内管中。当内管中液面上升至与虹吸管顶端相平齐时，内管中大部分液体经虹吸管流回烧瓶中，发生第1次虹吸时记录时间。连续提取10次以上，记录虹吸时间，计算虹吸间隔。提取至虹吸管内液体颜色很淡时为止。当最后一次虹吸刚过后，立即停止加热，并及时移走热源。

**3. 水浴加热浓缩**

稍冷后改成简单蒸馏装置。用水浴加热蒸出大部分乙醇，浓缩至约5 mL。停止加热，并及时移走热源，以免蒸干。

**4. 气浴蒸干**

稍冷后将瓶中残液趁热倒入蒸发皿中。若残液过浓，可尽量倒净，然后用约1 mL馏出液荡洗烧瓶，洗出液也并入蒸发皿中。加入2 g研细的生石灰粉末，搅匀。将蒸发皿放在一只大小合适并装有适量水的烧杯口上[4]，用气浴蒸干[5]。

用不锈钢匙将粘在蒸发皿上的固体刮下来，并用空心塞将块状固体压碎[6]。

**5. 焙炒**

将蒸发皿移至电热套上用小火焙炒10~15 min[7]，务必使水分基本除去。

**6. 升华**

稍冷后小心擦去粘在边壁上的粉末，以免污染产物。用一张刺有许多小孔的圆形滤纸平罩在蒸发皿上，使滤纸离被蒸发物约2 cm[8]，在滤纸上倒扣一只大小合适的玻璃三角漏斗，漏斗尾部松松地塞上一小团脱脂棉。如图2-40(b)所示。

调节加热强度缓缓加热升华[9]，当滤纸孔周围出现较多白色毛状结晶时停止加热[10]，利用余热继续升华。自然放冷5~10 min后取下漏斗，小心揭开滤纸，将滤纸上下两面结出的晶体小心刮在表面皿上[11]。用分析天平称重[12]并测定熔点，熔点236~238℃。

本实验需5~6 h。

**[注释]**

[1]使茶叶装载面低于虹吸管顶端。

[2]外管稍倾斜，将装有茶叶的内管小心滑入，应注意保护内管侧面的虹吸管勿使碰破。

[3]加入过程中注意观察，大部分乙醇应通过冷凝管下口滴入内管中，当内管中的液面上升至与虹吸管顶端相平齐时会观察到虹吸现象，虹吸过后仍从上口加入剩余乙醇。如大部分乙醇沿外管内壁流入圆底瓶，可适当旋转提取器外管或更换回流冷凝管使符合要求。如内管中的液面高于虹吸管顶端仍不发生虹吸现象，可用洗耳球从冷凝管上口适当加压使虹吸发生。

[4]250 mL烧杯中加入约100 mL水。

[5] 如蒸发皿中物质呈浓浆状，蒸发时可不必搅拌，可稍旋转蒸发皿，使浆状物铺开，慢速蒸干。如蒸发皿中溶剂较多，刚开始应注意用玻璃棒不断搅拌，以防溶液瀑沸溅出，待浓稠后可按上述操作。

[6] 此时应为淡绿色松散的细粉。

[7] 焙炒时应十分注意加热强度（温度低于 100℃），并充分翻搅，既要确保炒干，又要避免炒焦或升华损失，炒干后应呈松散的灰绿色粉末状。

[8] 滤纸安放太高，咖啡因蒸气不易升入滤纸以上结晶；安放太低，则易受色素等杂质污染。

[9] 加热初期如三角漏斗内壁出现少量水雾，应及时擦干。当咖啡因开始升华时，应尽量避免揭开三角漏斗。

[10] 本实验的关键操作是在整个升华过程中都需用小火间接加热。如温度太高，会使产品发黄，被升华物很快烤焦；温度太低，咖啡因会在蒸发皿内壁上结出，与残渣混在一起。

[11] 表面皿应提前在分析天平上称重。

[12] 如升华未完全，可将蒸发皿中的残渣轻轻翻搅后重新盖上滤纸和漏斗，再做一次升华。

# 实验 22　烟碱的提取和检验

## 一、实验目的

1. 了解生物碱的提取方法及其一般性质。
2. 掌握水蒸气蒸馏的基本原理和操作方法。

## 二、实验简介

烟碱又名尼古丁，是一种无色至淡黄色透明油状液体，是烟草中含氮生物碱的主要成分，在烟叶中的含量为 1%～3%。其结构式为：

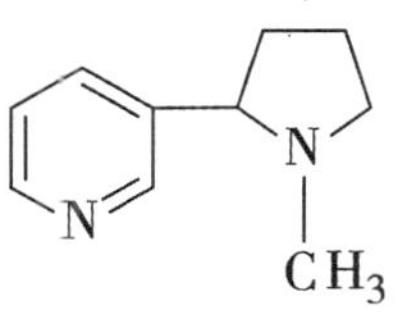

N　N　$CH_3$

烟碱是含氮的碱性物质，很容易与盐酸反应生成烟碱盐酸盐而溶于水。在提取液中加入强碱 NaOH 后可使烟碱游离出来。游离烟碱在 100℃左右具有一定的蒸气压(约 1333 Pa)，因此，可用水蒸气蒸馏法分离提取。

烟碱是由两个含氮杂环构成的化合物，两个含氮杂环的碱性相差很大。其中一个环是吡啶环，它的碱性较弱。而另一个环是氢化吡咯环，属叔胺，碱性较强，可以使红色石蕊试纸变蓝，也可以使酚酞试剂变红。

吡啶环由于芳香化的作用，比较稳定，反应活性比较低，而氢化吡咯环由于没有芳香性，较不稳定，易发生反应。因此烟碱可被 $KMnO_4$ 溶液氧化生成烟酸。

烟碱还可与生物碱试剂作用产生沉淀。

实验前请阅读第二部分中“水蒸气蒸馏”相关内容。

## 三、实验步骤

**1. 烟碱的提取**

取 1 克烟丝或 2 支香烟加 25 mL 10%盐酸，在烧杯中加热煮沸 20 min，经常搅拌，同时注意补充水以保持液面不下降。煮沸后抽滤，滤液用 30%氢氧化钠溶液(约 10 mL)中和至碱性，再转移到 100 mL 的蒸馏烧瓶中进行水蒸气蒸馏(图 2-19)。收集 5~10 mL 透明液体(即烟碱水溶液)备做下面实验。

**2. 烟碱的一般性质**

①碱性实验：取 1 支试管，加入 1 mL 烟碱水溶液，然后滴加 1 滴酚酞试剂。记录现象并解释之。

②氧化反应：取 1 支试管，滴加 5 滴烟碱水溶液、1 滴 0. 5%高锰酸钾水溶液和 3 滴 5%碳酸钠水溶液，摇动试管，注意观察溶液的颜色变化和有无沉淀产生。将试管放置约 10 分钟后，再观察，记录有什么变化。

③沉淀反应：取 1 支试管，加 5 滴烟碱水溶液，逐滴滴加 6 滴饱和苦味酸，边加边摇，观察有无黄色沉淀生成。

本实验需 2~3 h。

# 实验 23　有机化合物官能团的定性反应

## 一、实验目的

认识有机化合物的主要性质，掌握定性鉴定各类有机化合物的方法。

## 二、实验简介

实验中涉及的试剂较多，所提供的试剂均装在带滴管的试剂瓶中。为方便实验，所取试剂的体积不必用量筒准确量取，可用滴管粗略估计，如20滴约1 mL或一滴管约1 mL，半滴管约0.5 mL等。

实验前请阅读第三部分相关内容。

## 三、实验内容

**1. 烯烃的性质**

(1)溴的四氯化碳溶液试验：在干燥的试管中加入0.5 mL 2%溴的四氯化碳溶液，再分别加入1~2滴试样，振摇，观察有无颜色变化、沉淀生成。解释所观察到的现象。

试样：环己烯、环己烷。

(2)稀高锰酸钾溶液试验：在小试管中加入0.5 mL 1%高锰酸钾水溶液，然后再分别加入1~2滴试样，振摇，观察有无颜色变化、沉淀生成，解释所观察到的现象。

试样：环己烯、环己烷。

**2. 酚的性质：三氯化铁试验**

在试管中加入0.5 mL 1%的样品溶液，再加入2~3滴1%的三氯化铁水溶液，观察并记录各种酚所表现的颜色。

试样：苯酚、水杨酸、间苯二酚、苯甲酸。

**3. 醛和酮的性质**

(1)2，4-二硝基苯肼试验：取2，4-二硝基苯肼试剂2滴于试管中，加入1滴样品，振荡，静置片刻，观察有无沉淀生成。若无沉淀析出，微热半分钟再振荡，冷却后观察有无沉淀析出。解释所观察到的现象。

试样：乙醛水溶液、丙酮、苯乙酮。

(2)碘仿试验：往试管中加入1 mL蒸馏水和3~4滴样品，再加入1 mL 10%氢氧化钠溶液，然后滴加碘-碘化钾溶液并摇动，观察有无颜色变化、沉淀生成。解释所观察到的现象。若无沉淀析出，可用水浴温热至60℃左右，静置观察。若溶液的淡黄色已经褪去但无沉淀生成，应补加几滴碘-碘化钾溶液并温热后静置观察。

试样：乙醛水溶液、乙醇、丙酮、正丁醇、异丙醇。

(3)Fehling试验：取Fehling A和Fehling B各0.5 mL在试管中混合均匀，然后加入3~4滴样品，在沸水浴中加热，记录并解释所观察的现象。

试样：甲醛水溶液、乙醛水溶液、丙酮、苯甲醛。

**4. 糖的性质**

(1)Molisch 试验(α-萘酚试验)：往试管中加入 0.5 mL 5%的样品水溶液，滴入 2 滴 10%的 α-萘酚乙醇溶液，混合均匀后将试管倾斜约 45°角，沿管壁慢慢加入 0.5 mL 浓硫酸(勿摇动)。此时样品在上层，硫酸在下层，若在两层交界处出现紫色的环，表明样品中含有糖类化合物。

试样：葡萄糖、蔗糖、淀粉。

(2)Benedict 试验：往试管中加入 1 mL Benedict 试剂和 5 滴 5%的样品水溶液，在沸水浴中加热 2~3 min，放冷，记录并解释所观察的现象。

试样：葡萄糖、果糖、蔗糖、麦芽糖。

**5. 蛋白质的颜色反应：茚三酮试验**

往试管中加入 1 mL 样品溶液，再滴入 2~3 滴新配制的茚三酮溶液，在沸水浴中加热 10~15 min，产生紫红色或紫蓝色表明样品为蛋白质或 α-氨基酸或多肽。

试样：清蛋白溶液、1%甘氨酸、1%谷氨酸。

本实验需 2~3 h。

# 实验 24 安息香缩合反应

## 一、实验目的

1. 学习氮杂环卡宾前体盐在碱性条件下催化苯甲醛极性翻转及合成安息香的基本原理和方法。

2. 进一步巩固减压过滤、重结晶及薄层层析(TLC)监测反应进程等基本操作。

## 二、实验简介

安息香又称苯偶姻，是一种无色或白色晶体，系统命名为 2-羟基-1，2-二苯基乙酮。安息香作为一种重要的有机合成中间体，传统的制备方法是用剧毒的氰化钠或氰化钾作为催化剂，在碱性条件下，由两分子的苯甲醛缩合而成。在该反应中，催化量的 $CN^-$ 对一分子苯甲醛中的羰基(C=O)亲核加成。由于氰基较强的吸电子效应促使分子内质子转移，使传统的电正性的羰基碳转变成电负性的羰基碳(即苯甲醛中的羰基发生了“极性反转”)，从而可以对另一分子的苯甲醛进行亲核加成，生成安息香产物。

1943 年 Ukai 等发现环境友好的维生素 $B_1$(硫胺素)也可以催化苯甲醛发生安息香缩合反应，因此成为氰化物的替代试剂。维生素 $B_1$ 催化安息香缩合反应机理与 $CN^-$的催化作用类似，在该反应中实际起催化作用的是在碱性条件下形成的 N-杂环卡宾，因此氮杂环卡宾催化的安息香缩合反应引起了人们的广泛兴趣。

本实验以 2，4，6-三甲基苯胺制备的咪唑盐（氮杂环卡宾前体盐：NHC precursor）来催化苯甲醛的安息香缩合反应。氮杂环卡宾前体盐的结构及催化机理如下：

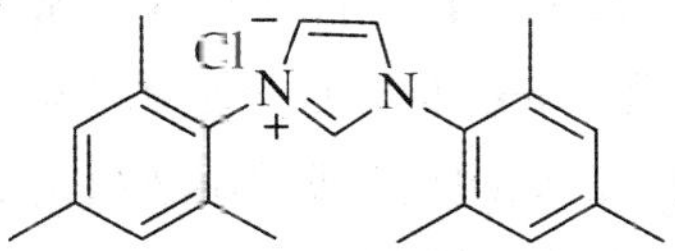

1，3-双（2，4，6-三甲基苯基）氯化咪唑（NHC precursor）

NHC precursor

base

Breslow intermediate

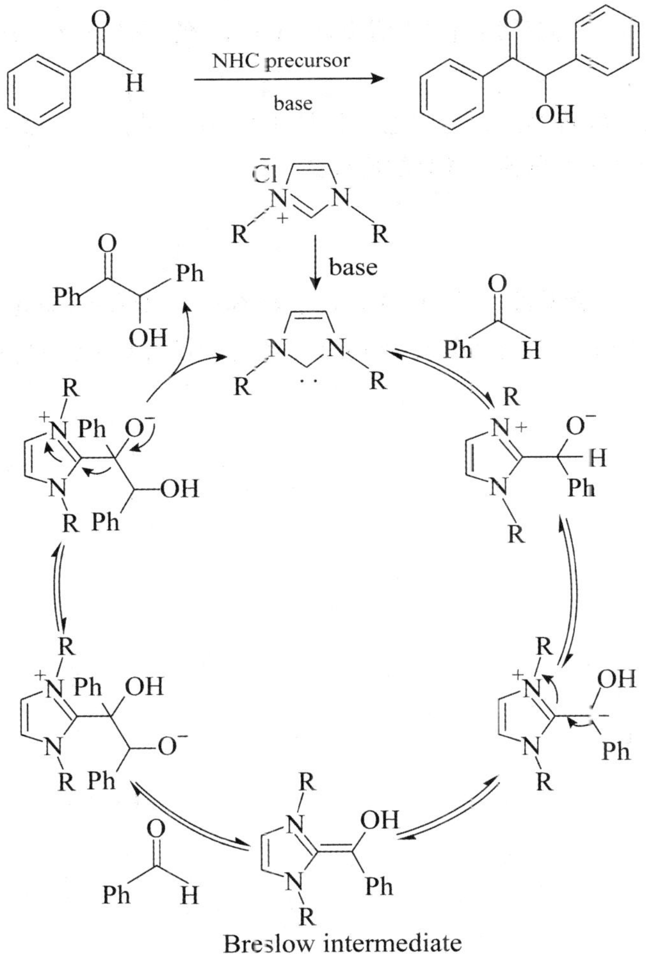

咪唑环 C-2 位上的氢在相邻氮原子的影响下具有一定的酸性，在碱的作用下失去质子形成 N-杂环卡宾。卡宾具有很强亲核性，对一分子的苯甲醛亲核加成，再经质子转移生成

咪唑-烯胺中间体(也称为 Breslow 中间体)，使得苯甲醛中的羰基碳“极性反转”，再对另一分子的苯甲醛进行亲核加成。

## 三、实验步骤[1]

在装有回流冷凝管和温度计的 50 mL 三口烧瓶中，先加入 0. 27 g(0. 8 mmol) 1，3-双(2，4，6-三甲基苯基)氯化咪唑和 1 mL 水，搅拌使其溶解后，再加入 3 mL 95% 乙醇。在冰水浴冷却下，边搅拌边滴加 10% NaOH 溶液，调节溶液 pH 值为~10，此时溶液呈黄色。将 2. 0 mL(19. 6 mmol)苯甲醛加入反应瓶中，将反应混合物置于水浴中(65~75℃)加热反应，薄层层析(TLC)监测反应进程。注意保持溶液 pH 值为~10，约 90 min 后有大量白色晶体析出时，反应结束。

待反应混合物冷至室温后，用冰水浴冷却 15 min，使结晶完全。减压抽滤并用冰水洗涤晶体一次，得粗品。

粗品用 95%的乙醇重结晶，得白色针状晶体 0. 76 g，熔点：132~ 134℃。TLC 分析(乙酸乙酯 / 石油醚)与安息香标准品的比移值一致。

**[注释]**

[1] 吕辉，熊英，龚林波，等 . 1，3-双(2，4，6-三甲基苯基)氯化咪唑的制备及其催化的安息香缩合反应[J]. 西南师范大学学报(自然科学版)，2019，44(9)：133-137.

# 附录　常见化学品的 MSDS

对于易燃易爆、毒性大的化学品，在查阅其 MSDS 时，需特别关注其爆炸极限和应急处理方法。爆炸极限：亦称燃爆极限，指易燃气体或易燃液体的蒸气在空气中遇明火发生燃爆的浓度范围，以体积百分浓度表示。爆炸极限愈广，爆炸的危险性愈大。

**1. 常用有机物的 MSDS（数据源于 http：//www.somsds.com 及 http：//www.basechem.org）**

1）甲醇（methyl alcohol）

（1）物理常数：$CH_4O$，分子量 32.04，无色透明液体，有刺激性气味，溶于水，可混溶于醇类、乙醚等多数有机溶剂。熔点-97.8℃，沸点 64.7℃，相对密度 0.79，爆炸极限 6.0% ~ 36.5%。

（2）潜在的健康危害：对中枢神经系统有麻醉作用，对视神经和视网膜有特殊选择作用，引起病变。

（3）应急处理：小量泄漏时可用砂土或其他不燃材料吸附或吸收，也可用大量水冲洗，洗水稀释后放入废水系统。

2）乙醇（ethyl alcohol）

（1）物理常数：$C_2H_6O$，分子量 46.07，无色、易燃、有酒香的液体，与水混溶，可混溶于乙醚、氯仿、甘油、甲醇等多数有机溶剂。熔点-114.1℃，沸点 78.3℃，相对密度 0.79，爆炸极限 3.3% ~ 19.0%。

（2）潜在的健康危害：本品为中枢神经系统抑制剂，长期接触高浓度本品可引起鼻、眼、黏膜刺激症状，以及头痛、头晕、疲乏、易激动、震颤、恶心等。

（3）应急处理：小量泄漏时可用砂土或其他不燃材料吸附或吸收，也可用大量水冲洗，洗水稀释后放入废水系统。

3）正丁醇（butyl alcohol）

（1）物理常数：$C_4H_{10}O$，分子量 74.12，无色透明液体，具有特殊气味，微溶于水，溶于乙醇、乙醚等多数有机溶剂。熔点-89.8℃，沸点 117.7℃，相对密度 0.81，爆炸极限 1.4% ~ 11.3%。

（2）潜在的健康危害：本品具有刺激和麻醉作用，主要症状为眼、鼻、喉部刺激，手部可发生接触性皮炎。

(3)应急处理：小量泄漏时可用活性炭或其他惰性材料吸收，也可用大量水冲洗，洗水稀释后放入废水系统。

4)叔丁醇(tert-butyl alcohol)

(1)物理常数：$C_4H_{10}O$，分子量 74.12，无色结晶或液体，有樟脑气味，溶于水、乙醇、乙醚。熔点 25.7℃，沸点 82.4℃，相对密度 0.784，爆炸极限 2.4% ~ 8.0%。

(2)潜在的健康危害：本品易燃，具刺激性，吸入或口服对身体有害，对眼睛、皮肤、黏膜和呼吸道有刺激作用。

(3)应急处理：小量泄漏时可用活性炭或其他惰性材料吸收，也可用大量水冲洗，洗水稀释后放入废水系统。

5)乙醚(ethyl ether)

(1)物理常数：$C_4H_{10}O$，分子量 74.12，无色透明液体，有芳香气味，极易挥发，微溶于水，溶于乙醇、苯、氯仿等多数有机溶剂。熔点-116.2℃，沸点 34.6℃，相对密度 0.71，爆炸极限 1.7% ~ 49.0%。

(2)潜在的健康危害：本品的主要作用为全身麻醉。长期低浓度吸入，有头痛、头晕、疲倦、嗜睡等症状，长期皮肤接触，可发生皮肤干燥、皲裂。

(3)应急处理：小量泄漏时可用活性炭或其他惰性材料吸收，也可用大量水冲洗，洗水稀释后放入废水系统。

6)正丁醚(butyl ether)

(1)物理常数：$C_8H_{18}O$，分子量 130.23，无色液体，微有乙醚气味，微溶于水，溶于丙酮、二氯丙烷、汽油，可混溶于乙醇、乙醚。熔点-95.4℃，沸点 142.0℃，相对密度 0.77，爆炸极限 1.5% ~ 7.6%。

(2)潜在的健康危害：吸入本品可致咳嗽、呼吸困难、头痛、头晕、恶心、疲乏和四肢无力。眼和皮肤接触可致灼伤。

(3)应急处理：小量泄漏时可用砂土或其他不燃材料吸附或吸收，或在保证安全情况下，就地焚烧。

7)石油醚(petroleum ether)

(1)物理常数：低级烷烃的混合物，无色透明液体，有特殊臭味，易挥发，不溶于水，溶于无水乙醇、苯、氯仿、油类、乙醚等多数有机溶剂。熔点<-73℃，市售石油醚沸程为 30 ~ 60℃、60 ~ 90℃、90 ~ 120℃ 等规格，相对密度 0.60 ~ 0.70，爆炸极限 1.1% ~ 8.7%。

(2)潜在的健康危害：其蒸气或雾对眼睛、黏膜和呼吸道有刺激性。

(3)应急处理：小量泄漏时用活性炭或其他惰性材料吸收，也可用不燃性分散剂制成的乳液刷洗，洗液稀释后放入废水系统。

8）乙酸（acetic acid）

（1）物理常数：$C_2H_4O_2$，分子量60.05，无色透明液体，有刺激性酸臭，溶于水、乙醇、乙醚、甘油，不溶于二硫化碳。熔点16.6℃，沸点118.1℃，相对密度1.05，爆炸极限5.4%～16.0%。

（2）潜在的健康危害：吸入本品蒸气对鼻、喉和呼吸道有刺激性。对眼有强烈刺激作用。皮肤接触，轻者出现红斑，重者引起化学灼伤。长期反复接触，可致皮肤干燥、脱脂和皮炎。

（3）应急处理：小量泄漏可用砂土、干燥石灰或苏打灰混合。

9）乙酸酐（acetic anhydride）

（1）物理常数：$C_4H_6O_3$，分子量102.09，无色透明液体，有刺激气味，溶于冷水，溶于乙醇、乙醚、苯。熔点-73.1℃，沸点138.6℃，相对密度1.08，爆炸极限2.7%～10.3%。

（2）潜在的健康危害：吸入后对呼吸道有刺激作用，引起咳嗽、胸痛、呼吸困难，眼和皮肤直接接触液体可致灼伤。

（3）应急处理：小量泄漏时可用砂土、干燥石灰或苏打灰混合。

10）乙酸乙酯（ethyl acetate）

（1）物理常数：$C_4H_8O_2$，分子量88.11，无色澄清液体，有芳香气味，易挥发，微溶于水，溶于乙醇、丙酮、乙醚、氯仿、苯等多数有机溶剂。熔点-83.6℃，沸点77.2℃，相对密度0.90，爆炸极限2.2%～11.5%。

（2）潜在的健康危害：对眼、鼻、咽喉有刺激作用。高浓度吸入可引进行性麻醉作用，急性肺水肿，肝、肾损害。长期接触本品有时可致角膜混浊、继发性贫血、白细胞增多等。

（3）应急处理：小量泄漏时可用活性炭或其他惰性材料吸收。

11）二氯甲烷（dichloromethane）

（1）物理常数：$CH_2Cl_2$，分子量84.94，无色透明液体，有芳香气味，微溶于水，溶于乙醇、乙醚。熔点-95℃，沸点39.8℃，相对密度1.33，爆炸极限14%～22%。

（2）潜在的健康危害：本品有麻醉作用，主要损害中枢神经和呼吸系统。对皮肤有脱脂作用，引起干燥、脱屑和皲裂等。

（3）应急处理：小量泄漏时可用砂土或其他不燃材料吸附或吸收。

12）1，2-二氯乙烷（1，2-dichloroethane）

（1）物理常数：$C_2H_4Cl_2$，分子量98.96，无色或浅黄色透明液体，有类似氯仿的气味，微溶于水，可混溶于乙醇、乙醚、氯仿和多数有机溶剂。熔点-35.7℃，沸点

83.5℃，相对密度 1.26，爆炸极限 6.2% ~ 16.0%。

(2)潜在的健康危害：对眼睛及呼吸道有刺激作用，吸入可引起肺水肿，长期低浓度接触引起神经衰弱综合征和消化道症状，可致皮肤脱屑或皮炎。

(3)应急处理：小量泄漏时可用砂土或其他不燃材料吸附或吸收，也可用大量水冲洗，洗水稀释后放入废水系统。

13)三氯甲烷(trichloromethane)

(1)物理常数：$CHCl_3$，分子量 119.38，无色透明重质液体，极易挥发，有特殊气味，不溶于水，混溶于乙醇、乙醚、苯、丙酮、二硫化碳、四氯化碳。熔点-63.5℃，沸点 61.3℃，相对密度 1.50。

(2)潜在的健康危害：主要作用于中枢神经系统，具有麻醉作用，对心、肝、肾有损害。

(3)应急处理：小量泄漏时可用砂土、蛭石或其他惰性材料吸收。

14)叔丁基氯(tert-butyl chloride)

(1)物理常数：$C_4H_9Cl$，分子量 92.57，无色透明液体，微溶于水，能与醇、醚混溶。熔点-25.4℃，沸点 50.7℃，相对密度 0.87。

(2)潜在的健康危害：吸入、摄入或经皮肤吸收后对身体有害，对眼睛、皮肤有刺激作用。

(3)应急处理：小量泄漏时可用活性炭或其他惰性材料吸收，也可用不燃性分散剂制成的乳液刷洗，洗液稀释后放入废水系统。

15)苯甲酸(benzoic acid)

(1)物理常数：$C_7H_6O_2$，分子量 122.12，白色单斜片状或针状结晶，质轻，无气味或微有类似安息香或苯甲醛的气味。能随水蒸气挥发，在约 100℃时开始升华。溶于油类，微溶于冷水，溶于热水，易溶于乙醇、乙醚和其他有机溶剂。熔点 122.4℃，沸点 249.4℃，相对密度 1.27。

(2)潜在的健康危害：对皮肤有轻度刺激性。蒸气对上呼吸道、眼和皮肤产生刺激。

(3)应急处理：小量泄漏时可用洁净的铲子收集于干燥、洁净、有盖的容器中，转移至安全场所。

16)水杨酸(salicylic acid)

(1)物理常数：$C_7H_6O_3$，分子量 138.12，白色针状结晶或单斜棱晶，有特殊的酚酸味，在空气中稳定，但遇光渐渐改变颜色。微溶于冷水，易溶于热水、乙醇、乙醚和丙酮，溶于热苯。熔点 159℃，沸点 211℃，相对密度 1.44。

(2)潜在的健康危害：本品粉尘对呼吸道有刺激性，吸入后引起咳嗽和胸部不适，对眼有刺激性。

(3)应急处理：小量泄漏时应避免扬尘，小心扫起，置于袋中转移至安全场所。

17)乙酰水杨酸(acetylsalicylic acid)

(1)物理常数：$C_9H_8O_4$，分子量 180.16，白色针状或片状结晶，无气味，溶于乙醇、乙醚，微溶于水。熔点 135℃，相对密度 1.40。

(2)潜在的健康危害：一般剂量无害，最常见的症状是肠胃功能紊乱。

(3)应急处理：小量泄漏时用 60% ~ 70%的乙醇湿润，避免粉尘扩散。

18)苯胺(aniline)

(1)物理常数：$C_6H_7N$，分子量 93.13，无色至浅黄色透明液体，有强烈气味，暴露在空气中或在日光下变成棕色。微溶于水，溶于乙醇、乙醚、苯。熔点 -6.2℃，沸点 184.4℃，相对密度 1.02，爆炸极限 1.2% ~ 11.0%。

(2)潜在的健康危害：本品主要引起高铁血红蛋白血症、溶血性贫血和肝、肾损害，易经皮肤吸收。

(3)应急处理：小量泄漏时可用砂土或其他不燃材料吸附或吸收。

19)乙酰苯胺(acetanilide)

(1)物理常数：$C_8H_9NO$，分子量 135.16，白色有光泽片状结晶或白色结晶粉末，无臭，轻微的烧糊味道。微溶于冷水，溶于热水、甲醇、乙醇、乙醚、氯仿、丙酮、甘油和苯等。熔点 114℃，沸点 305℃，相对密度 1.21。

(2)潜在的健康危害：吸入对上呼吸道有刺激性。对皮肤有刺激性，可致皮炎。

(3)应急处理：小量泄漏时可用洁净的铲子收集于干燥、洁净、有盖的容器中，转移至安全场所。

20)邻硝基苯胺(o-nitroaniline)

(1)物理常数：$C_6H_6N_2O_2$，分子量 138.13，橙黄色针状结晶，微溶于冷水，溶于热水、乙醇，易溶于乙醚、丙酮、苯。熔点 69.7℃，沸点 284.5℃，相对密度 1.44。

(2)潜在的健康危害：本品可通过皮肤和呼吸道吸收，长期大量接触可引起肝损害。

(3)应急处理：小量泄漏时可用洁净的铲子收集于干燥、洁净、有盖的容器中，也可用大量水冲洗，洗水稀释后放入废水系统。

21)偶氮苯(azobenzene)

(1)物理常数：$C_{12}H_{10}N_2$，分子量 182.22，橙红色片状晶，溶于乙醇、乙醚和冰乙酸，不溶于水。熔点 68℃，沸点 293℃，相对密度 1.20。

(2)潜在的健康危害：吸入、摄入或经皮肤吸收后对身体有害。具有刺激作用，致敏作用。受热分解释出氮氧化物。

(3)应急处理：小量泄漏时可小心扫起，置于袋中转移至安全场所。

**2. 常用无机物的 MSDS(数据源于 http://www.somsds.com 及 http://www.basechem.org)**

22)氯化氢(hydrogen chloride)

(1)物理常数：HCl，分子量 36.46，无色有刺激性气味的气体，易溶于水，溶于乙醇、乙醚。熔点-114.2℃，沸点-85℃，相对蒸气密度 1.27。

(2)潜在的健康危害：本品对眼和呼吸道黏膜有强烈的刺激作用。皮肤直接接触可出现大量粟粒样红色小丘疹而呈潮红痛热。

(3)应急处理：小量泄漏时隔离 150 米，合理通风，加速扩散，喷氨水或其他稀碱液中和。

23)盐酸(hydrochloric acid)

(1)物理常数：氯化氢的水溶液，无色透明的液体，有强烈的刺鼻气味，具有较高的腐蚀性。市售的浓盐酸浓度为 36% ~ 38%。

(2)潜在的健康危害：接触其蒸气或烟雾，可引起急性中毒，出现眼结膜炎，鼻及口腔黏膜有烧灼感，鼻衄、齿龈出血，气管炎等。长期接触引起慢性鼻炎、慢性支气管炎、牙齿酸蚀症及皮肤损害。

(3)应急处理：①皮肤接触：立即脱去污染的衣物，用大量流动清水冲洗至少 15 min。就医。②眼睛接触：立即提起眼睑，用大量流动清水或生理盐水彻底冲洗至少 15 min。就医。③小量泄漏：用砂土、干燥石灰或苏打灰混合，也可用大量水冲洗，洗水稀释后放入废水系统。

24)硫酸(sulfuric acid)

(1)物理常数：$H_2SO_4$，分子量 98.08，纯品为无色透明油状液体，无臭，与水混溶。熔点-10.5℃，沸点 330.0℃，相对密度 1.84。

(2)潜在的健康危害：对皮肤、黏膜等组织有强烈的刺激和腐蚀作用。皮肤灼伤轻者出现红斑、重者形成溃疡，愈后瘢痕收缩影响功能。溅入眼内可造成灼伤，甚至角膜穿孔、全眼炎以至失明。

(3)应急处理：①皮肤接触：立即脱去污染的衣物，用大量流动清水冲洗至少 15 min。就医。②眼睛接触：立即提起眼睑，用大量流动清水或生理盐水彻底冲洗至少 15 min。就医。③小量泄漏：用砂土、干燥石灰或苏打灰混合，也可用大量水冲洗，洗水稀释后放入废水系统。

25)溴化氢(hydrogen bromide)

(1)物理常数：HBr，分子量 80.91，无色、有辛辣刺激气味的气体，易溶于水、乙醇。熔点-86.9℃，沸点-66.8℃，相对蒸气密度 2.71。

(2)潜在的健康危害：本品不燃，有毒，具强腐蚀性、强刺激性，可致人体灼伤。

(3)应急处理：小量泄漏时喷氨水或其他稀碱液中和。

26)氢溴酸(hydrobromic acid)

(1)物理常数：溴化氢的水溶液，无色透明至淡黄色发烟液体，具有刺激性酸味，与水混溶，可混溶于乙醇、乙酸。沸点 126℃(47%)，相对密度 1.49。

(2)潜在的健康危害：可引起皮肤、黏膜的刺激或灼伤。长期低浓度接触可引起呼吸道刺激症状和消化功能障碍。

(3)应急处理：小量泄漏时可用砂土、干燥石灰或苏打灰混合，也可用大量水冲洗，洗水稀释后放入废水系统。

27)氢氧化钠(sodiun hydroxide)

(1)物理常数：NaOH，分子量 40.00，纯品为无色透明晶体，吸湿性强，易溶于水、乙醇、甘油，不溶于丙酮、乙醚。熔点 318.4℃，沸点 1390℃，相对密度 2.13。

(2)潜在的健康危害：本品有强烈刺激和腐蚀性，粉尘刺激眼和呼吸道，皮肤和眼直接接触可引起灼伤。

(3)应急处理：小量泄漏时避免扬尘，可用洁净的铲子收集于干燥、洁净、有盖的容器中，也可用大量水冲洗，洗水稀释后放入废水系统。

28)氧化钙(calcium oxide)

(1)物理常数：CaO，分子量 56.08，白色无定形粉末，含有杂质时呈灰色或淡黄色，具有吸湿性，不溶于乙醇，溶于酸、甘油。熔点 2570℃，沸点 2850℃，相对密度 3.35。

(2)潜在的健康危害：本品属强碱，有刺激和腐蚀作用。对呼吸道有强烈刺激性，对眼和皮肤有强烈刺激性，可致灼伤。

(3)应急处理：小量泄漏时避免扬尘，可用洁净的铲子收集于干燥、洁净、有盖的容器中。

29)乙酸钠(sodium acetate)

(1)物理常数：$C_2H_3NaO_2 \cdot 3H_2O$、$C_2H_3NaO_2$，分子量 136.08(三水)、82.034(无水)，无色透明结晶或白色颗粒，易溶于水，稍溶于乙醇、乙醚。熔点 58℃(三水)、324℃(无水)，相对密度 1.45(三水)、1.528(无水)。

(2)应急处理：小量泄漏时可用洁净的铲子收集于干燥、洁净、有盖的容器中，也可用大量水冲洗，洗水稀释后放入废水系统。

30)汞(mercury)

(1)物理常数：Hg，分子量 200.59，银白色有光泽的液状金属，具有挥发性，其蒸气剧毒，不溶于水、盐酸、稀硫酸、醇和醚，溶于浓硝酸，易溶于王水及浓硫酸。熔点 −38.87℃，沸点 356.57℃，相对密度 13.39。

(2)潜在的健康危害：短期内大量吸入汞蒸气后引起急性中毒。

(3)应急处理：小量泄漏时转移回收，可用多硫化钙或过量的硫磺处理。

# 主要参考文献


[1] 武汉大学化学与分子科学学院实验中心. 有机化学实验[M]. 武汉：武汉大学出版社，2017.

[2] 高占先主编. 有机化学实验[M]. 第四版. 北京：高等教育出版社，2004.

[3] 武汉大学化学与分子科学学院实验中心. 医学有机化学实验[M]. 武汉：武汉大学出版社，2010.

[4] 关海鹰，梁克瑞，初玉霞. 有机化学实验[M]. 北京：化学工业出版社，2008.

[5] 龙盛京主编. 有机化学实验[M]. 第二版. 北京：人民卫生出版社，2011.

[6] 路平主编. 医学有机化学实验技术指导[M]. 武汉：湖北科学技术出版社，2007.